Rüdiger Vaas

Signale der Schwerkraft

Gravitationswellen:
Von Einsteins Erkenntnis
zur neuen Ära der Astrophysik

W0195875

KOSMOS

Inhalt

Kosmische Karambolage: Bei der Kollision zweier Schwarzer Löcher wird die Raumzeit erschüttert und förmlich zum Schwingen gebracht. Das können Physiker im Rahmen der Allgemeinen Relativitätstheorie präzise berechnen. Die Bilder zeigen Ausschnitte aus solchen äußerst aufwendigen Computersimulationen. Bei der rasanten Annäherung der finsteren Materiekonzentrationen werden immer heftigere Gravitationswellen erzeugt.

»Sailing heart-ships thru broken harbors
Out on the waves in the night
Still the searcher must ride the dark horse
Racing alone in his fright.«
Neil Young: *Tell Me Why* (1970)

Mensch und Kosmos

Es gibt nicht viele Erkenntnisse über das Universum, das Leben und den ganzen Rest, die so faszinierend, so irritierend und gleichermaßen so unglaublich (schön) sind wie die wahrhaft weltumspannenden Einsichten, die Albert Einstein im Rahmen seiner Speziellen und Allgemeinen Relativitätstheorie beschrieben hat. Demnach sind Raum und Zeit nicht die passive und starre Bühne allen Geschehens, sondern eine Einheit, die alle Ereignisse einschließt und aktiv mitgestaltet so wie sie auch von diesen geformt wird. Das hätte sich vor Einsteins Erkenntnissen niemand vorstellen können. Die Raumzeit wird von den Körpern und sogar von Licht beeinflusst – wie auch umgekehrt. Denn Masse verlangsamt die Zeit (relativ zu einem Bezugssystem in einem schwächeren Gravitationsfeld), krümmt den Raum und zwingt Strahlen auf die schiefe Bahn. Das macht die Welt zu einer dynamischen und zugleich unverbrüchlichen Ganzheit.

Die Raumzeit kann sich dehnen, stauchen, biegen und sogar umstülpen, als wäre sie aus Gummi. Obwohl sie tatsächlich Myriaden Mal härter als Stahl ist. Sie bringt Licht auf krumme Touren, verschluckt Materie in finsteren Kerkern und schmettert die zerquetschen Kerne ausgebrannter Sterne mit geradezu irrsinniger Geschwindigkeit aufeinander. Dabei wird das vierdimensionale Gefüge des Alls erschüttert und förmlich zum Schwingen gebracht, wabert wild und schlägt lichtschnelle Wellen, die sich durch das ganze Universum pflügen. Die Erde ist eine Insel in

Der Weltmeister: Mit seiner Allgemeinen Relativitätstheorie (1915, 1917) hat Albert Einstein die Grundlage für die physikalische Beschreibung des ganzen Universums gelegt sowie den engen Zusammenhang zwischen Raum, Zeit, Energie, Masse, Schwerkraft und beschleunigten Bewegungen entdeckt. Auch die Existenz der Gravitationswellen folgt aus seinem Geniestreich, wie er 1916 überrascht erkannte – und mehrfach selbstkritisch bezweifelte.

diesem wispernden Ozean, umspült von geheimnisvollen Nachrichten, die teilweise vom Anfang der Zeit stammen.

Es hat lange gedauert und einen extremen Aufwand erfordert, um solche Gravitationswellen direkt zu erhaschen – ein Jahrhundert nach Einsteins gewagten Voraussagen. Neben den grandiosen Gedankenleistungen und dem Mut kühner Vorstellungen waren es vor allem raffinierte Entwicklungen der Experimentalphysik sowie technologische Spitzenleistungen, die nun einen völlig neuartigen Zugang zum Universum ermöglichen. Die kosmischen Kräuselungen künden von erstaunlichen Ereignissen – Dramen der Dunkelheit, die zugleich Arien der Astronomie zwitschern und trotz aller verborgenen Fremdartigkeit eine Poesie der Physik erstrahlen lassen, die Laien wie Profis gleichermaßen verblüffen. Stumme Schreie in der Finsternis entrinnen abgründigen Gravitationsschlünden und bleiben für immer in der Raumzeit – zugänglich jedoch nur für die Wissenden mit ihren raffinierten Lauschposten.

Als die jetzt nachgewiesenen Gravitationswellen zu schwingen begannen, gab es auf der Erde nur einfache Einzeller. Aber als die winzigen Vibrationen des Weltalls viele Hundert Millionen Jahre später die Milchstraße und schließlich das Sonnensystem erreichten, hatte die Evolution hier zufällig bereits Wesen hervorgebracht, die diese eigenartigen Signale der Schwerkraft zu erhaschen und zu deuten wussten – das Rumoren der Raumzeit wurde augen- oder besser ohrenfällig. Dass dies um Haaresbreite gelang, ist noch übertrieben formuliert: Die Messungen, die dem Gravitations- wellendetektor LIGO (Laser Interferometer Gravitational-Wave Observatory) nach jahrzehntelanger Entwicklungsarbeit glückten, sind besser als 1 zu 10^{21}. Das ist, als hätte man die Entfernung des Nachbarsterns Proxima Centauri, etwa 40.680.000.000.000 Kilo- meter (4,3 Lichtjahre), auf 0,01 Millimeter genau bestimmt – rund ein Zehntel des Durchmessers eines menschlichen Haares. Diese Leistung war zu Einsteins Zeiten utopisch – und deshalb dachte er auch, dass die winzigen Undulationen des Universums niemals nachzuweisen wären. Nur ein Jahrhundert später aber sind die Spiegel von LIGO grandiose Spiegel der Erkenntnis, in denen sich die große weite Welt niederschlägt.

Die Voraussage und Berechnungen von Gravitationswellen so- wie die Ideen zu ihrer Messung geben ein beeindruckendes Zeug- nis des menschlichen Denkens und Erfindergeists. Das gilt erst recht für die Formulierung der Allgemeinen Relativitätstheorie, ohne die all die Erfolge und Entdeckungen nicht möglich gewe- sen wären. Dieser Triumph der Welterkenntnis kann sich selbst transzendieren, weil die Schlussfolgerungen daraus neue Hori- zonte eröffnen – und wieder überschreiten lassen. Es ist zuwei- len geradezu ein Lawineneffekt im sich selbst beschleunigenden Fortschritt. Er käme nicht in Schwung ohne die oft langwierige Anfangsphase und die nötige Hartnäckigkeit – das macht die Pio- nierleistungen noch heroischer. Es sind intellektuelle Heldentaten, so pathetisch das klingt. Denn Heldentaten bestehen nicht darin, jemanden totzuschlagen, auf einer Kreisbahn-Hatz zu überholen (wo man am Ende bloß wieder am Ausgangspunkt steht) oder ei- nen Steinhaufen zu erklimmen (wo der sich selbst quälende Planet auch nicht anders aussieht). Heldentaten bedeuten eher, Menschen zu helfen, zu inspirieren, Fantasie und Wissen zu erweitern sowie trotz widriger Verhältnisse und schäbiger Randbedingungen ein paar Tropfen aus dem vielbeschworenen Ozean der Wahrheit zu schöpfen – kurzum, sich gegen die Absurdität des Daseins zu stemmen und etwas zu erschaffen, mit dem das blinde und taube Universum seine Augen und Ohren öffnet. –

Der irdische Ruhm bedeutet da wenig. Und doch ist er bereits kulminiert – lediglich zwei Jahre nach dem ersten, damals noch nicht einmal völlig verstandenen und ausgewerteten intergalaktischen Impuls. Am Dienstag, 3. Oktober 2017, kurz vor 12 Uhr gab Göran K. Hansson bekannt, der Generalsekretär der Königlich-Schwedischen Akademie der Wissenschaften, dass der Physik-Nobelpreis 2017 »für entscheidende Beiträge zum LIGO-Detektor und zur Beobachtung von Gravitationswellen« verliehen wird – eine Entdeckung, »die die Welt wahrhaftig erschüttert hat«, wie er schmunzelnd anfügte. Die neun Millionen Schwedische Kronen (gut 940.000 Euro) erhalten zur Hälfte Rainer Weiss sowie zu je einem Viertel Kip S. Thorne und Barry C. Barish (siehe Fotos auf Seite 61).

Weiss (1932 in Berlin geboren) hat am Massachusetts Institute of Technology seit 1972 wesentliche konzeptionelle und technische Entwicklungsarbeiten für LIGO geleistet, Störquellen charakterisiert und einen Prototyp gebaut. Thorne (Jahrgang 1940) trieb LIGO seit 1975 am California Institute of Technology voran (wo der 2017 verstorbene Ron Drever ab 1979 ebenfalls maßgebliche Beiträge schuf); außerdem hat er als Theoretischer Physiker seit 1972 wichtige Forschungen zur Allgemeinen Relativitätstheorie publiziert, besonders auch zu den Arten, Stärken und Häufigkeiten der Quellen von Gravitationswellen. Und Barish (Jahrgang 1936), der ebenfalls am Caltech wirkte, stieg 1994 als Principal Investigator bei LIGO ein und war von 1997 bis 2005 dessen Direktor; er setzte die politische Finanzierung und dann den Bau der damals zu scheitern drohenden Anlage durch bis hin zu ihrer Erweiterung Advanced LIGO, und er schuf 1997 die LIGO Scientific Collaboration. Sie umfasst inzwischen rund 1200 Wissenschaftler und Ingenieure aus 18 Ländern. Zu ihr gehören auch die Forscher vom Max-Planck-Institut für Gravitationsphysik und der Universität Hannover, wo ein Großteil der LIGO-Daten analysiert wird, und die bei Sarstedt südlich von Hannover den Gravitationswellendetektor GEO600 betreiben, an dem zahlreiche Technologien für LIGO entwickelt und getestet wurden. Alle drei Nobelpreisträger haben nach ihrer offiziellen Emeritierung weitergearbeitet, sind bis heute weltweit mit Vorträgen präsent und in der LIGO Scientific Collaboration tätig. Ohne die großartige Zusammenarbeit dieser vielen Menschen aus rund 100 Instituten wäre die Entdeckung der Gravitationswellen weder geglückt noch jetzt mit dem höchsten Wissenschaftspreis gewürdigt worden.

Bislang steht die Erkundung der Gravitationswellen am Anfang. Aber bereits der erste Nachweis überraschte die weltweite Gemeinschaft der Wissenschaftler. Dieses wahrhafte Jahrhundertsignal hat eine neue Ära der Astrophysik eingeleitet. Und die Detektoren werden noch empfindlicher, weitere kommen jetzt hinzu, spezielle Satelliten sind geplant und Astronomen spähen bereits eifrig nach elektromagnetischen Gegenstücken der brachialen Ereignisse, die in einem kurzen Augenblick mehr Energie freisetzen als alle Sterne des ganzen sichtbaren Universums zusammen. Theoretiker vermuten eine Fülle neuer Quellen am Himmel – und wie bei jeder Exploration wird es ganz unerwartete und nicht einmal vorstellbare Phänomene geben. Dieses Abenteuer beginnt erst. Es ist eine Anstrengung ohne Garantie, eine Investition ohne Versicherung, eine Expedition mit ungewissem Ausgang – oder ohne Ausgang eigentlich, denn sie soll und wird immer weitergehen, wenn der Forschergeist nicht stirbt.

Exkurs

Die Quellen der Wellen

Dass die Raumzeit schwingen kann, gehört zu den frappierendsten Voraussagen der Allgemeinen Relativitätstheorie – ja der ganzen Naturwissenschaft überhaupt. Wodurch die Schwingungen hervorgebracht werden und wie sich das messen lässt, ist eine andere Frage. Lange war die Theorie der Praxis hier weit voraus. Doch das ändert sich nun – mit gegenwärtig noch unabsehbaren Konsequenzen für die Theorie.

Es werden verschiedene Klassen von Quellen der Gravitationswellen unterschieden: Bursts, periodische Wellen und ein stochastischer Hintergrund.

Bursts sind kurze Emissionen von Gravitationswellen, die nur Sekundenbruchteile andauern, aber mehr Energie abstrahlen können als unsere Sonne in Form von Wärme während ihrer gesamten Existenz – oder sogar mehr als die gesamte Energie von allen Sternen im beobachtbaren Universum im selben Zeitraum. Weil Bursts oft hohe Frequenzen besitzen (über 10 Hertz), sind sie mit erdgebundenen Detektoren messbar. Erzeugt werden sie von kosmischen Katastrophen:

› Explosion eines Sterns als Supernova und Kollaps seines Zentralbereichs zu einem Neutronenstern oder Schwarzen Loch (bei rasch rotierendem Sternkern oder asymmetrischer Explosion). – Häufigkeit: wenige Ereignisse pro Jahr im Umkreis von 10 Millionen Lichtjahren.

› Kollaps eines Sternhaufens zu einem galaktischen Schwarzen Loch. – Häufigkeit: wenige Ereignisse pro Jahr im beobachtbaren Universum.

› Kollision zweier Sterne oder Schwarzer Löcher nach einer spiralförmigen Verengung ihrer Umlaufbahn. – Häufigkeit: einige Ereignisse pro Jahr im Umkreis von 100 Millionen Lichtjahren.

› Kollision eines Sterns oder Schwarzen Lochs mit einem galaktischen Schwarzen Loch.

› Kollisionen supermassereicher Schwarzer Löcher (aber zu niedrige Frequenzen für erdgebundene Detektoren).

› Exotische Prozesse, über die nur spekuliert werden kann, etwa fluktuierende Bosonensterne, nackte Singularitäten oder Schnitte, Wechselwirkungen und Knicke Kosmischer Strings.

Periodische Gravitationswellen haben oft niedrige Frequenzen (10^{-5} bis 10 Hertz) und können dann wegen den seismischen Störungen auf der Erde nur vom Weltraum aus nachgewiesen werden. Dazu ist ein Satelliten-Interferometer mit Millionen Kilometer Basislänge nötig, das mit Lasern Abstandsänderungen von 20 Billionstel Meter misst. Die langwellige Gravitationsstrahlung hat diverse Ursprünge, zum Beispiel:

› Doppelsterne, die sich umkreisen,
› rotierende Neutronensterne (Pulsare),
› Vibrationen von Neutronensternen.

Der **stochastische Gravitationswellenhintergrund** hat Frequenzen unter 10^{-5} Hertz; er entsteht durch die Überlagerung vieler ferner periodischer Vorgänge sowie schwacher oder weit entfernter Einzelereignisse. Dazu gehören:

› Gravitationsbremsstrahlung, die entsteht, wenn zwei Sterne oder Schwarze Löcher mit hoher Geschwindigkeit aneinander vorbeifliegen.
› Kollisionen der ersten Sterne im Universum und die Bildung hypothetischer primordialer Schwarzer Löcher.
› Vorgänge (»Phasenübergänge«) im sehr frühen Universum, die zur Bildung von null- bis dreidimensionalen Störungen im Raumzeitgefüge geführt haben (sogenannte Magnetische Monopole, Kosmische Strings, Domänengrenzen oder Texturen). Ursachen dafür können die Aufspaltung der Naturkräfte gewesen sein oder die Änderung des Vakuumzustands (etwa durch eine Veränderung des Higgs-Felds).
› Zusammenstöße von Blasen-Universen (»Bubble Collisions«) mit verschiedenen Naturgesetzen oder -konstanten, was ebenfalls einen Phasenübergang oder eine Änderung des Vakuumzustands bewirkt sowie anisotrope Erschütterungen an den Kollisionsfronten und magnetohydrodynamische Turbulenzen im Plasma.
› Relikte des Urknalls selbst (Turbulenzen der Raumzeit; das Ende der Kosmischen Inflation) oder Spuren eines kosmischen Kollaps, falls der Urknall ein Übergang (»Bounce«) von einem in sich zusammenstürzenden Universum war, das durch Quantengravitationseffekte wieder zur Ausdehnung gezwungen wurde – zum heute expandierenden Weltraum.

Schwarze Löcher und Einsteins Fehler

Selbst einem Genie wie Albert Einstein glückte nicht alles beim ersten Anlauf. So hatte er die Existenz von Gravitationswellen zuerst bezweifelt, dann wies er sie nach, später revidierte er das und schließlich argumentierte er doch wieder dafür. Der Begriff selbst geht auf eine Arbeit des Physikers Henri Poincaré aus dem Jahr 1905 zurück und beruht auf einer Idee des Physikers Hendrik Antoon Lorentz fünf Jahre zuvor. Davon wusste Einstein. Doch ob und wie es die ominösen Wellen gibt, war völlig offen.

Gravitationswellen ließen sich erst im Rahmen der Allgemeinen Relativitätstheorie als Fluktuationen des Metrik-Tensors in eine mathematische Form bringen und als überprüfbare wissenschaftliche Hypothese formulieren. Demnach kann der Raum schwingen. Das klingt sehr sonderbar – ist aber durchaus logisch, wenn man eine dynamische Raumzeit akzeptiert und die Gravitation als metrisches Feld beschreibt, vergleichbar mit dem elektromagnetischen, das ja auch schwingt.

Trotzdem meinte Einstein noch in einem Brief vom 19. Februar 1916 an den Astrophysiker Karl Schwarzschild, dass es in der Allgemeinen Relativitätstheorie »keine Gravitationswellen, welche Lichtwellen analog wären«, geben könne. Wie Einstein war Schwarzschild damals an der Königlich Preußischen Akademie der Wissenschaften in Berlin angestellt, hielt sich aber als Artillerie-Leutnant an der Ostfront in Russland auf, wo er unter anderem ballistische Berechnungen ausführte. Dort fand er auch die ersten exakten Lösungen von Einsteins Feldgleichungen. Nur wenige Wochen nach Einsteins Durchbruch am 25. November 1915 beschrieb Karl Schwarzschild die Raumzeit-Metrik für eine nicht rotierende, isolierte Kugel und für statische isotrope leere Räume um einen Massenpunkt beziehungsweise deren Gravitationsfelder. Aus diesen 1916 in den *Sitzungsberichten* der Preußischen

Akademie publizierten Artikeln folgt der später ihm zu Ehren benannte Schwarzschild-Radius: die Größe der einfachsten Art eines Schwarzen Lochs. (Das war damals freilich noch nicht verstanden worden und der Begriff wurde erst in den 1960er-Jahren geprägt; Einstein selbst bezweifelte sogar noch 1939 vehement, dass es solche Schlünde der Raumzeit im All geben könnte.) Schwarzschild hatte, wie aus einer Mitteilung an den Quantenphysiker Arnold Sommerfeld hervorgeht, vergeblich versucht, Gravitationswellen aus Einsteins Feldgleichungen zu deduzieren. Und Einstein hatte das in seinem Brief bestätigt und auf ein Versagen der angewandten Methode der Näherungsrechnung zurückgeführt.

Schwarzschild, der Einstein in einem Brief vom 22. Dezember 1915 von seiner ersten Rechnung berichtet hatte, »trotz heftigen Geschützfeuers«, kehrte im März 1916 aus Russland zurück. Er war durch eine Autoimmunerkrankung der Haut (Pemphigus vulgaris) zum Invaliden geworden und starb am 11. Mai im Alter von 42 Jahren. »Selten ist ein so bedeutendes mathematisches Können mit so viel Wirklichkeitssinn und solcher Anpassungsfähigkeit des Denkens vorhanden gewesen wie bei ihm«, sagte Einstein in seiner *Gedächtnisrede*, die im Juli in den *Sitzungsberichten* der Akademie gedruckt wurde.

Trotz seiner anfänglichen Skepsis dachte Einstein weiter über die Gravitationswellen nach, zumal ihn der Astronom Willem de Sitter dazu ermunterte. Mit einer neuen linearen Näherungsrechnung kam Einstein bald zum gegenteiligen Schluss. Sollte es die Wellen also doch geben? Am 22. Juni 1916 reichte er bei den *Sitzungsberichten* einen Artikel mit dem Titel *Näherungsweise Integration der Feldgleichungen der Gravitation* ein. Dieser erschien eine Woche später auf neun Seiten gedruckt, den Seiten 688 bis 696. Einstein leitete aus einer Analogie zwischen Gravitation und Elektrodynamik ab, dass »sich die Gravitationsfelder mit Lichtgeschwindigkeit ausbreiten«, und im Anschluss daran untersuchte Einstein »die Gravitationswellen und deren Entstehungsweise«, wie er schrieb. Die Analogie zwischen Gravitationswellen und elektromagnetischer Strahlung besteht darin, dass beschleunigte Massen Gravitationswellen emittieren ähnlich wie beschleunigte elektrische Ladungen elektromagnetische Wellen aussenden (etwa wie oszillierende Elektronen in einer Antenne Radiowellen abstrahlen). Beide sind Transversalwellen, ihre Ausrichtung ist also senkrecht zur Schwingungs- beziehungsweise Verzerrungsrichtung, und sie haben eine Wellenlänge λ sowie Frequenz f und breiten sich mit Lichtgeschwindigkeit c aus (c = λf). Die Gravitation hat jedoch nur eine positive Ladung (Anziehung), keine negative.

Allerdings enthielt Einsteins Rechnung zwei Fehler. Einen korrigierte er noch vor dem Druck. Auf den anderen machte ihn der Physiker Gunnar Nordström 1917 aufmerksam: Es könne keine drei linearisierten Wellenformen geben, wie Einstein zunächst

Die Ordnung der Oszillationen: Gravitationswellen sind periodische Dehnungen und Stauchungen der Raumzeit, die sich als charakteristische winzige Änderungen von Abständen bemerkbar machen. In der Grafik werden sie schematisch dargestellt durch eine entsprechende Versetzung von Testteilchen bei maximaler positiver und negativer Auslenkung im Abstand einer halben Schwingungsperiode der Welle; die Schwingungsebene liegt jeweils in der Fläche dieser Seite, die Welle bewegt sich in Richtung der z-Koordinate (in den ersten drei Teilgrafiken auf den Betrachter hin, in den drei weiteren innerhalb der Seitenebene). Metrische Gravitationstheorien sagen bis zu sechs solcher Schwingungsarten (»Polarisationen«) voraus. Die Allgemeine Relativitätstheorie ist die einfachste metrische Theorie und erlaubt nur zwei Polarisationen (oben), wie Einstein bereits 1918 entdeckte. Sie werden +-Polarisation und x-Polarisation genannt. Würden Gravitationswellendetektoren auch anders polarisierte Oszillationen messen (zum Beispiel die dritte, die in masselosen Skalar-Tensor-Theorien und Theorien mit zusätzlichen Raum-Dimensionen vorkommen), wäre die Relativitätstheorie widerlegt.

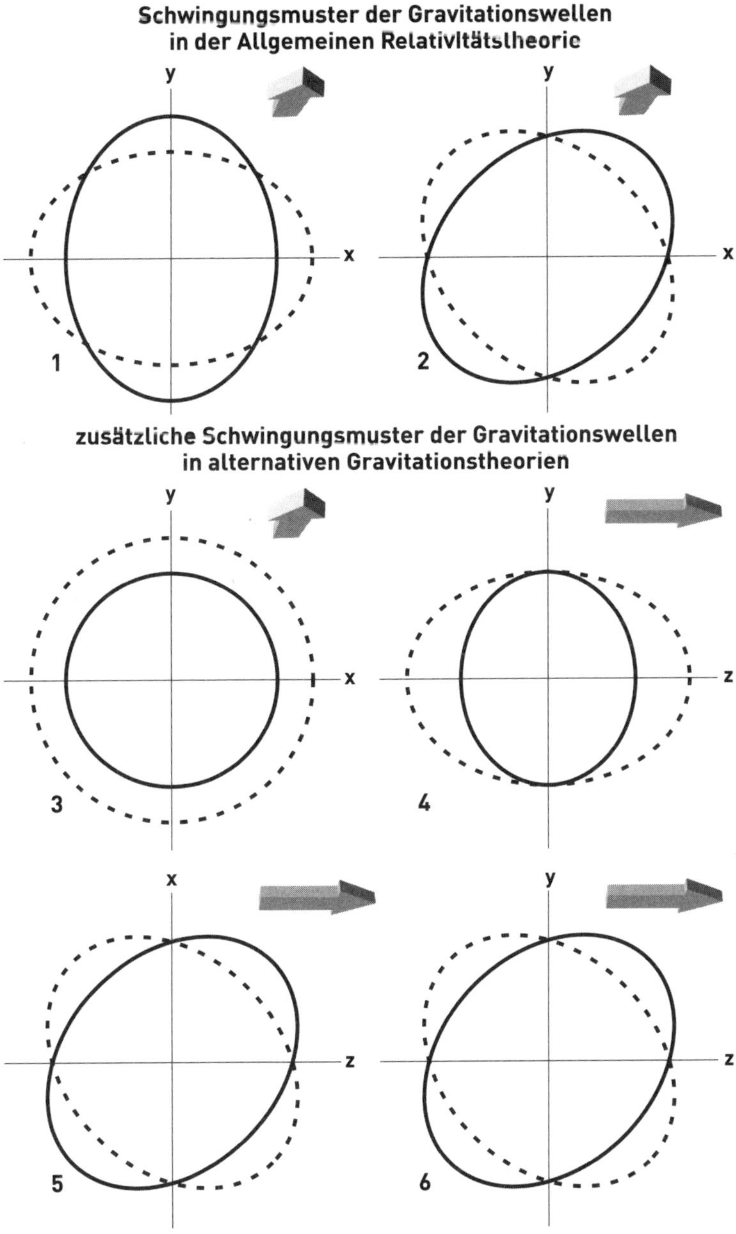

Schwingungsmuster der Gravitationswellen
in der Allgemeinen Relativitätstheorie
y
x
1
y
x
2
zusätzliche Schwingungsmuster der Gravitationswellen
in alternativen Gravitationstheorien
y
x
3
y
z
4
x
z
5
y
z
6

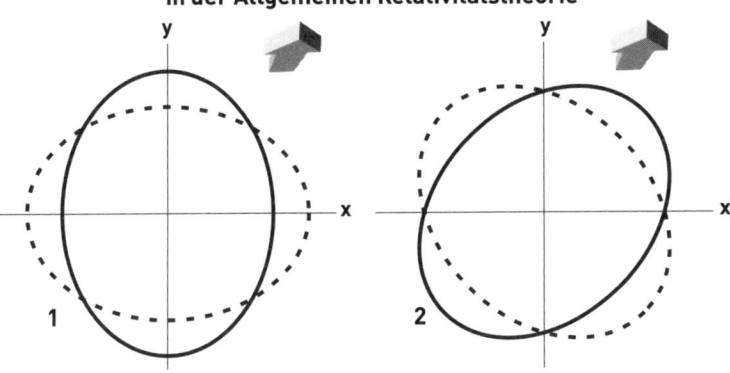

dachte, sondern nur zwei. Und dass sie keine Energie transportierten, wie Einstein verwundert festgestellt hatte, war bloß ein Koordinaten-Effekt.

Am 31. Januar 1918 reichte Einstein daher einen weiteren Artikel in den *Sitzungsberichten* seiner Akademie ein. Der schlichte Titel: *Über Gravitationswellen*. Da seine frühere Darstellung »nicht genügend durchsichtig und außerdem durch einen bedauerlichen Rechenfehler verunstaltet« sei, müsse er »nochmals auf die Angelegenheit zurückkommen«, schrieb er. In der neuen Arbeit formulierte er die berühmte Quadrupol-Formel für die Energie der Gravitationswellen, die noch heute verwendet wird.

Bemerkenswerterweise hatte schon der Physiker Max Abraham im Rahmen seiner eigenen – mit Einsteins Relativitätstheorie konkurrierenden – Gravitationstheorie von 1912 argumentiert, dass es keine Dipol- und Monopol-Wellen geben könne, wenn Impuls und Masse erhalten bleiben. Ganz ähnlich, wie die Erhaltung der elektrischen Ladung impliziert, dass keine Emission magnetischer Monopole möglich ist.

Einsteins Artikel enthielt zwar einen neuen Rechenfehler – doch diesmal nur um einen Faktor zwei. 1922 korrigierte das Arthur Stanley Eddington. Der britische Astrophysiker, der mit seiner Sonnenfinsternis-Expedition 1919 die von der Relativitätstheorie vorhergesagte Lichtablenkung im Schwerefeld der Sonne gemessen hatte und damit Einstein zu Weltruhm verhalf, war von der Existenz der Gravitationswellen allerdings nicht überzeugt. Er polemisierte 1922, sie würden sich »mit der Geschwindigkeit der Gedanken« bewegen – sie seien also reine Hirngespinste. Das Problem bestand unter anderem darin, dass nicht klar war, ob die Wellen Energie transportierten. Trotzdem ließen sich die meisten Physiker – von den wenigen, die überhaupt Interesse und Verständnis aufbrachten – nach und nach von der Existenz der Gravitationswellen überzeugen.

Rolle rückwärts

Doch Einstein machte erneut eine Kehrtwende, nachdem er in die USA emigriert war und am Institute for Advanced Study in Princeton weiterforschte. 1936 beschäftigte er sich wieder mit dem Thema, zusammen mit seinem ersten Assistenten Nathan Rosen. Die beiden glaubten nun nachweisen zu können, dass Gravitationswellen doch nicht möglich sind. In einem undatierten Brief an den befreundeten Quantenphysiker Max Born, der ebenfalls Nazi-Deutschland verlassen hatte und inzwischen an der Edinburgh University untergekommen war, schrieb Einstein: »Ich habe zusammen mit einem jungen Mitarbeiter das interessante Ergebnis gefunden, dass es keine Gravitationswellen gibt, trotzdem man dies gemäß der ersten Approximation für sicher hielt. Dies zeigt, dass die nichtlinearen allgemeinen relativistischen Feldgleichungen mehr aussagen, beziehungsweise einschränken, als man bisher glaubte. Wenn es nur nicht so infam wäre, strenge Lösungen zu finden.«

Einstein und Rosen schickten ihren Artikel *Do Gravitational Waves Exist?* an die Zeitschrift *Physical Review*, die bis heute zu den renommiertesten Physik-Fachjournalen gehört. Dort hatten Einstein und Rosen bereits zwei Arbeiten publiziert, die zu Klassikern wurden: In einer hatten sie die Idee der Wurmlöcher formuliert (erst 1957 so bezeichnet), auch Einstein-Rosen-Brücken genannt. Das sind hypothetische topologische Verbindungen der Raumzeit – die sich in dieser Formulierung später allerdings als instabil erwiesen. In der anderen Arbeit beschrieben Einstein und Rosen zusammen mit Boris Podolsky erstmals ominöse Verschränkungen von Quantenzuständen (»spukhafte Fernwirkungen«). Diese interpretierten sie als eine Paradoxie der Quantenphysik, die sie kritisierten – die inzwischen aber eindeutig gemessen sind. Im Gegensatz zu diesen beiden Arbeiten druckte

John Tate, der Herausgeber der *Physical Review*, den neuen Artikel nicht sofort. Vielmehr leitete er ihn nach längerem Zögern erst einmal weiter zur Begutachtung.

Wie erst vor ein paar Jahren publik wurde, schickte Tate den am 1. Juni 1936 eingegangenen Artikel am 6. Juli an Howard Percy Robertson. Der hatte sich als Relativitätstheoretiker bereits einen Namen gemacht. (Er hatte die sogenannte Friedmann-Lemaître-Robertson-Walker-Metrik expandierender homogener Universen mitformuliert, die dem aktuellen Standardmodell der Kosmologie zugrunde liegt.) Robertson arbeitete eigentlich ebenfalls in Princeton, war in jenem Jahr jedoch erst auf einem Sabbatical am California Institute of Technology in Pasadena und machte dann Urlaub in Saranac Lake. Aus diesem Dorf im US-Bundesstaat New York schrieb er am 14. Juli an Tate, dass er Fehler im Artikel gefunden hätte und schlug vor, Einstein seine Kommentare weiterzuleiten. Tate tat dies am 23. Juli und bat um eine Reaktion. Und die fiel ganz anders aus als erwartet.

Bereits am 27. Juli beschwerte sich Einstein – Rosen war inzwischen in die Sowjetunion gereist, wo er zwei Jahre lang an der Universität Kiew lehrte –, er habe Tate »nicht autorisiert, den Artikel vor der Publikation Spezialisten zu zeigen«. Auch wolle er nicht auf die »in jedem Fall fehlerhaften« Kommentare des anonymen Gutachters eingehen und den Artikel anderswo publizieren. Am 30. Juli antwortete Tate, dass er dies bedauere, aber die Begutachtungspraxis nicht ändern würde.

Der systematische wissenschaftliche »Peer-Review«-Prozess von Publikationen, der heute Standard ist, war damals erst im Entstehen. Im deutschen Sprachraum war er kaum üblich – selbst bei den führenden *Annalen der Physik* wurden weniger als ein Zehntel der eingereichten Beiträge abgelehnt. Motto: Besser ein falscher Artikel als keiner. Und die Preußische Akademie der Wissenschaften druckte alles von Einstein. Er selbst begutachtete allerdings andere Beiträge für die *Sitzungsberichte* und fand sie nicht selten »wertlos«. Jedenfalls war er verärgert und schickte seinen Artikel ans *Journal of the Franklin Institute* in Philadelphia, in dem er auch schon früher publiziert hatte. Und er veröffentlichte, von einem Kommentar abgesehen, nie mehr etwas in der Zeitschrift *Physical Review*.

In der Falle der Artefakte

Doch die Geschichte war noch nicht zu Ende, sondern nahm eine überraschende Wendung. Der Artikel erschien 1937 nämlich unter dem geänderten Titel *On Gravitational Waves*, nachdem Einstein am 13. November 1936 »fundamentale« Änderungen erbeten hatte. Was war geschehen?

Howard Percy Robertson kehrte nach Princeton zurück und freundete sich mit Leopold Infeld an. Der aus Polen stammende Physiker wurde Einsteins neuer Assistent. (Zuvor war er übrigens Max Borns Assistent, und 1938 veröffentlichte er mit Einstein das noch immer lesenswerte Sachbuch *The Evolution of Physics*.) Einstein hatte Infeld von der Nichtexistenz der Gravitationswellen überzeugt, und dieser diskutierte seine eigene Version des Beweises mit Robertson. Der wiederum machte Infeld auf die Fehler aufmerksam. Als Infeld daraufhin Einstein informierte, antwortete der, er habe in der Nacht zuvor ebenfalls entdeckt, dass die ursprüngliche Argumentation falsch sei. Unglücklicherweise hatte Einstein für den folgenden Tag einen Vortrag am Institut in Princeton angekündigt, bei dem er nun zerknirscht einräumen musste, dass sein Beweis ungültig sei. Er schloss Infeld zufolge, der die Vorgänge später in seiner Autobiografie *Quest* (1949) schilderte, mit dem Eingeständnis, nicht zu wissen, ob es Gravitationswellen gibt oder nicht.

Der Fehler von Einstein und Rosen bestand darin, dass sie die Singularitäten in den Gleichungen für die ebenen Gravitationswellen für unphysikalisch hielten. In Wirklichkeit waren sie Artefakte des verwendeten Koordinatensystems, also nicht real. Das ist ähnlich wie beim Nord- und Südpol: Sie sind Singularitäten im Netz der Längengrade auf dem Globus. Doch an diesen Schnittpunkten verlieren die Naturgesetze bekanntlich keineswegs ihre Gültigkeit. Wählt man andere Koordinaten, so verschwinden die singulären Artefakte. Ähnlich bei der Beschreibung der Gravitationswellen. Das erkannte Einstein Ende 1936 und korrigierte seinen Aufsatz entsprechend. Sogenannte zylindrische Gravitationswellen sollte es demnach also doch geben.

Ein rigoroses Verfahren, Koordinaten-Singularitäten von echten physikalischen Singularitäten zu unterscheiden, wurde erst Jahre später gefunden. Hier ist Einstein also kein Vorwurf zu machen, denn damals lautete die Methode schlicht: Versuch und (viel) Irrtum. »Die Ironie ist allerdings, dass Einstein den Ausweg Monate zuvor hätte finden können, wenn er nur das Gutachten gelesen hätte, das er so hastig verwarf«, sagt Daniel Kennefick. Der Wissenschaftshistoriker von der University of Arkansas in Fayetteville hat die Geschichte akribisch rekonstruiert und besonders Robertsons Rolle dabei erforscht. (Kenneficks Buch *Travelling at the Speed of Thought* von 2007 spielt im Titel auf Eddingtons skeptische Bemerkung an.)

Nathan Rosen fand den Fehler übrigens ebenfalls. Er war aber mit Einsteins Änderungen nicht ganz glücklich und publizierte 1937 einen eigenen Artikel. Darin wies er nur die Nichtexistenz der ebenen Wellen nach – wobei sich sein Beweis später als falsch herausstellte, weil auch hier die Koordinaten-Singularitäten verwirrten. Kurioserweise hatte bereits 1925 der österreichische Physiker Guido Beck in der *Zeitschrift für Physik* zylindrische Gravitationswellen beschrieben, was aber lange völlig unbeachtet blieb.

Wellenkundige Pioniere: Der Beweis, dass im Rahmen der Allgemeinen Relativitätstheorie Gravitationswellen existieren müssen, war ein theoretischer Kraftakt. Einstein hatte zunächst ab 1916 allein und dann wieder Mitte der 1930er-Jahre mit seinen Mitarbeitern Nathan Rosen (1909–1995) und Leopold Infeld (1898–1968) darüber nachgedacht (Fotos von links oben). Howard Percy Robertson (1903–1961) fand Fehler in den Rechnungen. Erst 1957 konnten Hermann Bondi (1919–2005) und Felix Pirani (1928–2015) noch bestehende Verwirrungen auflösen und den Sachverhalt klären. Bereits 1925 hatte Guido Beck (1903–1988) Gravitationswellen beschrieben, was allerdings erst viel später zur Kenntnis genommen wurde.

Ob Einstein bis zu seinem Tod 1955 wirklich an die Existenz der Gravitationswellen glaubte, ist ungewiss. Auch die Fachwelt war sich damals nicht einig, ob die Raumzeit tatsächlich zum Zittern gebracht werden und dabei Energie übertragen könnte. Erst durch die Arbeiten von Hermann Bondi vom King's College in London und seinem – wie auch Infelds – früheren Studenten

Felix Pirani zusammen mit Rainer Sachs, Ivor Robinson und Roger Penrose konnte die Sachlage ab 1957 eindeutig entschieden werden. Bondi meinte nach dem Durchbruch, die Wellen seien so real, dass man damit im Prinzip Wasser erwärmen könnte.

Rotierende Ruinen

Einsteins Universum ist ein magischer Ort. Nahezu perfekte Kugeln schwirren darin umeinander wie die Bälle eines Jongleurs. Allerdings sind sie über ein Dutzend Kilometer groß, und ein Kaffeelöffel von ihrer superdichten Materie würde über zehn Milliarden Tonnen wiegen – mehr als der Mount Everest. Diese Kugeln bringen die Raumzeit selbst zum Schwingen, was die Vorstellungskraft völlig überfordert. Und wenn sie miteinander kollidieren, kommt es zu einigen der energiereichsten Explosionen im gesamten Universum. Diese Kugeln sind Neutronensterne – die Kerne ausgebrannter Riesensterne, deren äußere Schichten als Supernova in den Weltraum hinausgeschleudert wurden. Da die Mehrzahl der Sterne im All Doppelsysteme bildet, bleiben solche Sternruinen zuweilen als Paar übrig. Mindestens 15 solcher Duos haben Astronomen bereits entdeckt. Das fasziniert auch Grundlagenphysiker. Denn solche exotischen Sternenpaare erlauben es, die Allgemeine Relativitätstheorie hochpräzise zu testen – und zwar für starke Schwerefelder und auf eine Weise, wie es im Sonnensystem niemals möglich wäre. Inzwischen gehören die Messungen bei zwei dieser Neutronenstern-Duos zu den besten Bestätigungen von Einsteins Meisterwerk. Und alternative Erklärungen der Schwerkraft, die physikalisch komplizierter aussehen, sind dagegen teilweise bereits in Bedrängnis geraten. Mehr noch: Diese ultrakompakten Doppelsterne lieferten den ersten indirekten Nachweis der Existenz von Gravitationswellen.

Kreisel im All: Ein Doppelsystem aus zwei umeinander kreisenden Neutronensternen ist ein ideales natürliches Labor für Überprüfungen der Allgemeinen Relativitätstheorie. Denn die kompakten, ausgebrannten Sternleichen rotieren äußerst rasch und emittieren Radiowellen entlang ihrer Magnetfeldachse (die mit der Rotationsachse in der Regel nicht übereinstimmt). Überstreicht ein solcher Strahlungskegel das irdische Beobachtungsfeld (ähnlich wie ein Wassersprenger im Garten oder ein Leuchtturm an der Meeresküste), dann lassen sich die regelmäßigen »Radiopulse« als kosmische Präzisionsuhren nutzen und geben genaue Auskunft über die Bahnparameter der Neutronensterne. Pulsare heißen Neutronensterne, von denen solche Pulse gemessen werden können (was etwas irreführend ist, denn diese Sterne pulsieren nicht).

Das zuerst entdeckte System aus zwei Neutronensternen befindet sich ungefähr 21.000 Lichtjahre entfernt im Sternbild Adler. Es heißt PSR 1913+16, benannt nach seinen Himmelskoordinaten. Aufgespürt wurde es im Rahmen einer Himmelsdurchmusterung am 2. Juli 1974 von dem US-Amerikaner Russell Hulse und seinem Doktorvater Joseph Taylor bei 430 Megahertz mit dem 300 Meter großen Arecibo-Radioteleskop im Nordwesten der Insel Puerto Rico. (Sie entdeckten 40 neue Pulsare, damals waren erst etwa 100 bekannt.) Dafür erhielten die zwei 1993 den Physik-Nobelpreis. Denn schon bald nach der Entdeckung wurde klar, dass sich mit PSR 1913+16 neue relativistische Effekte erforschen lassen.

Die beiden 1,44 und 1,39 Sonnenmassen schweren Neutronensterne von PSR 1913+16 umlaufen sich einmal alle 7,75 Stunden auf stark elliptischen Bahnen (Exzentrizität: 0,617, große Halbachse: 1,95 Millionen Kilometer). Eine der beiden Sternruinen ist ein Pulsar: Er sendet Radiostrahlung entlang seiner Magnetfeldachse ins All: Wie der Lichtkegel eines Leuchtturms überstreicht sie periodisch das Sonnensystem und kann somit von irdischen Astronomen gemessen werden. Der Pulsar braucht für eine Rotation nur 59 Millisekunden. Der andere Neutronenstern ist unsichtbar.

Einsteins Uhren

Pulsare können als ultragenaue »Uhren« im All fungieren, denn ihre Radiosignale sind extrem regelmäßig und relativ einfach zu messen. Astronomen haben seit 1967 in der Milchstraße und in anderen Galaxien mehr als 2500 Pulsare mit Rotationsperioden von 1,4 Millisekunden bis 8,5 Sekunden gefunden. Manche sind so stabil, dass sie innerhalb von drei Jahrzehnten um nur eine Millionstel Sekunde abweichen. Neutronensterne sind quasi gewaltige Schwungräder, die so viel Rotationsenergie haben, dass sie sich nur sehr schwer aus dem Tritt bringen lassen.

Bei PSR 1913+16 wurden die Ankunftszeiten der Radiosignale mit dem Arecibo-Teleskop zunächst auf etwa 20 Millionstel Sekunden exakt gemessen. Später ließ sich die Präzision noch um das Zehnfache steigern. Mit dieser hochgenauen Uhr war es möglich, das Zwei-Körper-System nicht bloß mit den nur näherungsweise gültigen Gesetzen von Kepler und Newton zu beschreiben, sondern auch subtile Effekte der Allgemeinen Relativitätstheorie zu berücksichtigen. Neben fünf klassischen Parametern wie Bahnexzentrizität und -periode, die nun mit einer Genauigkeit von besser als 1 zu 1 Million bekannt sind, lassen sich außerdem acht verschiedene relativistische Messgrößen bestimmen – und das über mittlerweile viele Jahrzehnte. Dies hat es erstmals ermöglicht, die Allgemeine Relativitätstheorie für starke Gravitationsfelder zu testen. Ergebnis: Die Messungen stimmen exzellent mit den Voraussagen überein. Diesen Nutzen für die Physik hatten Hulse und Taylor schon in ihrem im Januar 1975 publizierten Entdeckungsartikel erwähnt: »Sowohl die relativistische Doppler-Verschiebung als auch die gravitative Rotverschiebung werden sich leicht messen lassen. Außerdem sollte sich das Periastron um etwa vier Grad pro Jahr vorwärts bewegen.« (Das ist 35.000-mal größer als bei Merkur.)

Noch wichtiger war der bald erfolgte Nachweis, dass die Orbitalperiode von PSR 1913+16 um etwa 75 Millionstel Sekunden pro Jahr abnimmt. Das bedeutet: Die beiden Himmelskörper tanzen immer schneller umeinander in einer immer enger werdenden Umlaufbahn. Diese schrumpft um mehr als drei Millimeter pro Umlauf oder um rund 3,5 Meter pro Erdjahr, sodass die beiden Neutronensterne in etwa 302 Millionen Jahren miteinander kollidieren werden. Die Ursache für die Abnahme der Orbitalgeschwindigkeit ist, dass beschleunigte Massen Energie in Form von Gravitationswellen abstrahlen – analog zur Emission elektromagnetischer Strahlung, wenn Kräfte auf geladene Teilchen einwirken. Die Daten von PSR 1913+16 stimmen mit der Voraussage der Allgemeinen Relativitätstheorie auf 0,2 Prozent genau überein. PSR 1913+16 zeigte damit erstmals, dass Einsteins Vorhersage der Gravitationswellen korrekt ist.

Am Ende seiner Nobelpreis-Rede im Dezember 1993 betonte Joseph Taylor: »Ich glaube nicht, dass die Allgemeine Relativitätstheorie notwendigerweise das letztgültige Wort dazu hat, was

Schrumpfende Bahn: Körper, die sich umkreisen, strahlen Gravitationswellen ab. Daher bewegen sie sich langsam spiralförmig aufeinander zu. Bei Paaren von Neutronensternen ist dieser Effekt besonders stark. Das zeigt sich in der Abnahme ihrer Bahnperiode. Diese wird hier als die Änderung in der Periastronzeit dargestellt (das Periastron ist der innerste Punkt eines Orbits): Der Neutronenstern erreicht sein Periastron also immer früher, weil sich die Bahnperiode verringert. Die Zeiten addieren sich auf, daher ergibt sich eine Parabel. Dieser summierte Effekt ist einfacher messbar als die kleine Änderung der Bahnperiode selbst, die ihn erzeugt. Er wurde mit dem Arecibo-Radioteleskop auf Puerto Rico erstmals bei dem rund 21.000 Lichtjahre fernen System PSR 1913+16 im Sternbild Adler sehr genau gemessen (die Fehlerbalken der statistischen und systematischen Unsicherheiten sind viel kleiner als die in der Grafik eingezeichneten Punkte). Die Daten stimmen exakt mit den Voraussagen der Allgemeinen Relativitätstheorie überein (Kurve). Die Lücke der Messwerte Mitte der 1990er-Jahre geht auf die Abschaltung des Arecibo-Teleskops zurück, das renoviert und leistungsfähiger gemacht wurde. Neue, noch unveröffentlichte und hier nicht dargestellte Daten passen ebenso perfekt zur theoretischen Erwartung. Auch bei anderen Neutronenstern-Duos ist das der Fall.

über die Natur der Gravitation zu schreiben ist. Die Theorie ist selbstverständlich keine Quantentheorie, und auf der grundlegendsten Ebene scheint das Universum quantenmechanischen Regeln zu folgen. Trotzdem zeigen mir unsere Experimente mit Binärpulsaren, dass die korrekte Theorie der Schwerkraft – in welche Richtungen die künftigen theoretischen Arbeiten auch immer führen werden – Voraussagen machen muss, die über weite klassische Bereiche der Allgemeinen Relativitätstheorie asymptotisch nahe kommen.«

Inzwischen sind die Messungen bei PSR 1913+16 an ihre Grenzen gestoßen, weil nun die Unsicherheit in der Entfernungsbestimmung des Pulsars dominiert. Ohne eine genauere Distanz-Angabe lässt sich die Eigenbewegung des Systems im galaktischen Gravitationsfeld schlecht modellieren. »Die unterschiedliche Beschleunigung im Gravitationsfeld der Milchstraße ändert

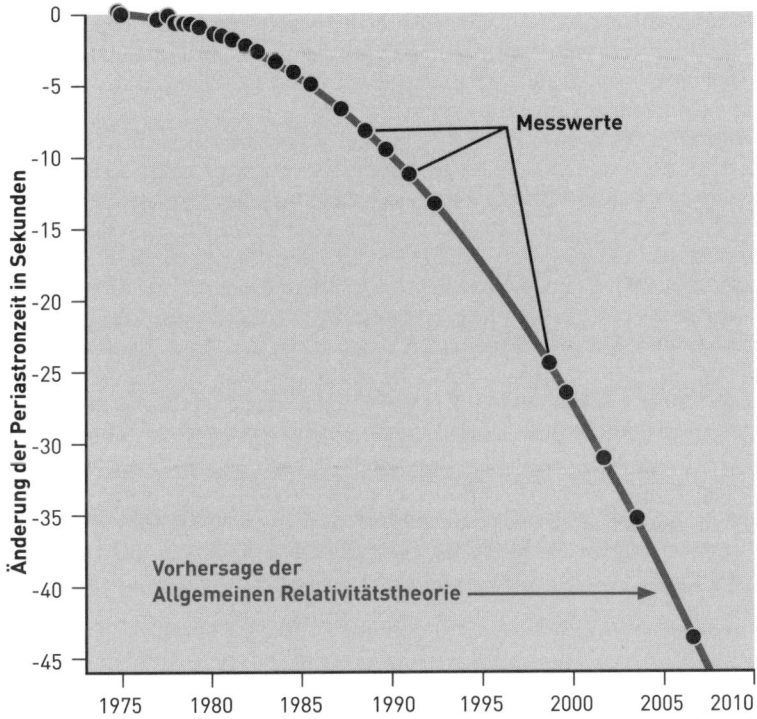

die Relativgeschwindigkeit zwischen Pulsar und Sonnensystem und liefert somit einen Beitrag zur beobachteten Änderung der Bahnperiode«, sagt Michael Kramer zu dem Einfluss, der korrigiert werden muss. Der Direktor am Max-Planck-Institut für Radioastronomie in Bonn hofft, dass die Daten des europäischen Astrometrie-Satelliten Gaia weiterhelfen können, der seit 2014 hochpräzise die Position von Abermillionen Sternen vermisst.

Inzwischen gibt es aber eine andere, noch genauere Testmöglichkeit. Denn 2003 entdeckte ein internationales Team von Radioastronomen – zu dem auch Kramer gehörte – ein Doppelsystem, in dem sogar beide Körper als Pulsare in Erscheinung treten:

Neutronensterne testen die Relativitätstheorie: Bei dem Doppelpulsar PSR J0737-3039 wurden verschiedene Effekte starker Schwerkraftfelder sehr genau gemessen. Damit lassen sich die Allgemeine Relativitätstheorie und konkurrierende Gravitationstheorien rigoros überprüfen. Entscheidend dafür sind die Massen der zwei Neutronensterne (hier angegeben in Einheiten der Sonnenmasse). Jeder gemessene relativistische Effekt schränkt die beiden zunächst unbekannten Massen des Doppelsystems ein. »Zur Massenbestimmung reichen zwei Kurven, da sie einen Schnittpunkt haben«, erläutert der Astrophysiker Michael Kramer. »Die Kurven setzen eine Gravitationstheorie voraus. Will man also eine Theorie testen, dann braucht man mindestens eine dritte Kurve, um zu sehen, ob die Theorie konsistent ist. Jede weitere Kurve bedeutet einen zusätzlichen Test. Eine Theorie hat die Überprüfung bestanden, wenn es für alle gemessenen Effekte eine gemeinsame Schnittmenge in der Massen-Parameterebene gibt.« Das ist für die Allgemeine Relativitätstheorie der Fall, denn alle Kurven schneiden sich im Rahmen der Messgenauigkeit in einem Punkt. Die dargestellten paarweisen Linien (teilweise so eng, dass sie hier nicht getrennt erscheinen) begrenzen einen statistischen Unsicherheitsbereich von einer Standardabweichung (1 Sigma). Die grau markierte Parameterregion ist ausgeschlossen, weil der Neigungswinkel der Bahnebene der Pulsare höchstens 90 Grad beträgt (Kantensicht).

PSR J0737-3039 im Sternbild Achterdeck des Schiffs, rund 4000 Lichtjahre entfernt. Hier rotieren beide etwa 1,3 Sonnenmassen schwere Neutronensterne alle 23 Millisekunden beziehungsweise 2,8 Sekunden. Sie umrunden sich alle 147 Minuten in 900.000 Kilometer Abstand mit ungefähr einer Million Kilometer pro Stunde. Weil sie dabei Gravitationswellen erzeugen, nähern sie sich um 2,5 Meter pro Jahr und werden in etwa 85 Millionen Jahren verschmelzen. Die Drehung ihres Periastrons – ihres inneren Bahnpunkts, entsprechend dem Perihel bei Planeten im Sonnensystem – ist so stark, dass er in 21 Jahren einen Kreis beschreibt. Der Effekt ist bereits auf 1 zu 1 Million genau gemessen. Zum Vergleich: Eine analoge komplette Periheldrehung des Merkur, die Einstein 1915 erklärt hat, dauert über 200.000 Jahre – beziehungsweise der relativistische Anteil von 43 Bogensekunden pro

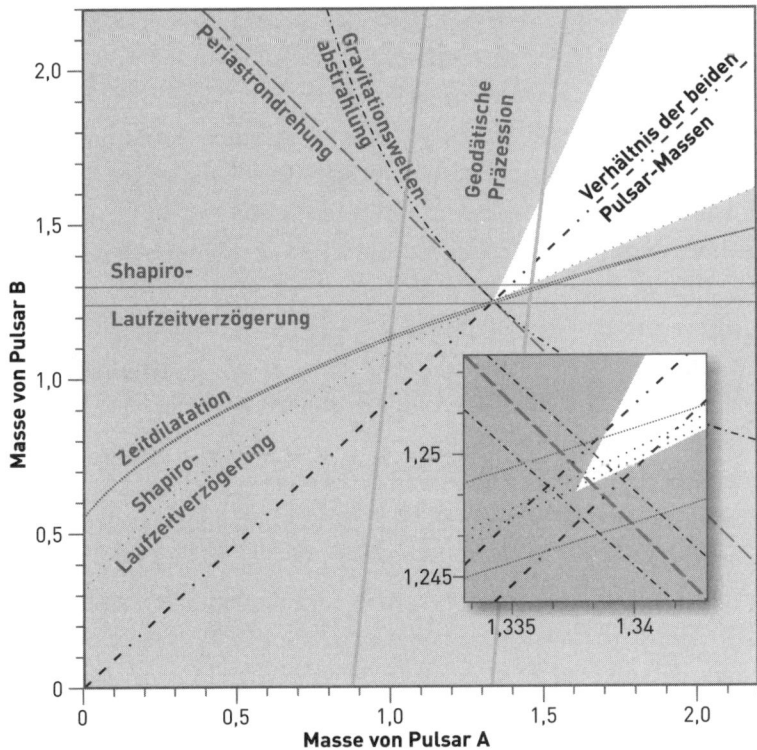

Masse von Pulsar B

Masse von Pulsar A

Jahrhundert sogar rund drei Millionen Jahre. (Er ist viel geringer als der durch die störenden Effekte der Planeten verursachende Beitrag im Rahmen der klassischen Newton'schen Mechanik.)

Erstmals konnte bei PSR J0737-3039 außerdem die relativistische Präzession der Achse eines der Neutronensterne gemessen werden. Und weil die beiden Pulsare bei jedem Umlauf fast exakt hintereinander stehen, lässt sich auch die Laufzeitverlängerung des hinteren Radiosignals in der gekrümmten Raumzeit genau bestimmen. Dieser Shapiro-Effekt – benannt nach Irwin Shapiro, der ihn 1964 voraussagte – beträgt hier 110 Millisekunden.

Dies liegt an dem »Umweg«, den das Signal in der gekrümmten, nichteuklidischen Geometrie der Raumzeit nehmen muss, wenn es nur etwa 20.000 Kilometer entfernt am Neutronenstern im Vordergrund entlang streicht. Alle Messungen zusammen passen ausgezeichnet zu den Voraussagen der Allgemeinen Relativitätstheorie. Die Übereinstimmung ist bis auf 0,02 Prozent genau – und damit eine Größenordnung besser als beim Hulse-Taylor-Pulsar. »Der Doppelpulsar PSR J0737-3039 war bis zum Jahr 2015 der beste Beweis dafür, dass Gravitationswellen existieren«, resümieren Michael Kramer und Norbert Wex – ebenfalls vom Max-Planck-Institut für Radioastronomie –, die genaue Analysen dazu veröffentlicht haben.

Wichtig ist auch: Die Pulsar-Daten bringen einige alternative Gravitationstheorien in Schwierigkeiten oder haben sie bereits widerlegt. So ist die TeVeS-Theorie (Tensor-Vektor-Skalar-Theorie) des Physikers Jacob Bekenstein schon falsifiziert oder muss sehr spezielle, unrealistische Annahmen machen. Sie wurde als Alternative zur ominösen, nicht direkt nachgewiesenen Dunklen Materie in den Galaxien formuliert, die Bekenstein und andere durch eine Modifikation der Allgemeinen Relativitätstheorie als falsche Interpretation entlarven wollen.

Das bislang beste Testsystem für eine große Klasse von Skalar-Tensor-Theorien ist übrigens PSR J0348+0432 im Sternbild Stier: Hier wird ein 7000 Lichtjahre entfernter Pulsar – der alle 39 Millisekunden rotiert und mit 2,01 plus/minus 0,04 Sonnenmassen der schwerste bekannte Neutronenstern ist – nicht von einem anderen Neutronenstern umrundet, sondern von einem Weißen Zwergstern mit 0,172 Sonnenmassen, und zwar alle 2,5 Stunden auf einem fast kreisförmigem Orbit. Die Emission von Gravitationswellen lassen die Bahnperiode um 8,2 Millisekunden pro Jahr abnehmen, was im Rahmen der Messgenauigkeit von vier Prozent mit der Allgemeinen Relativitätstheorie übereinstimmt.

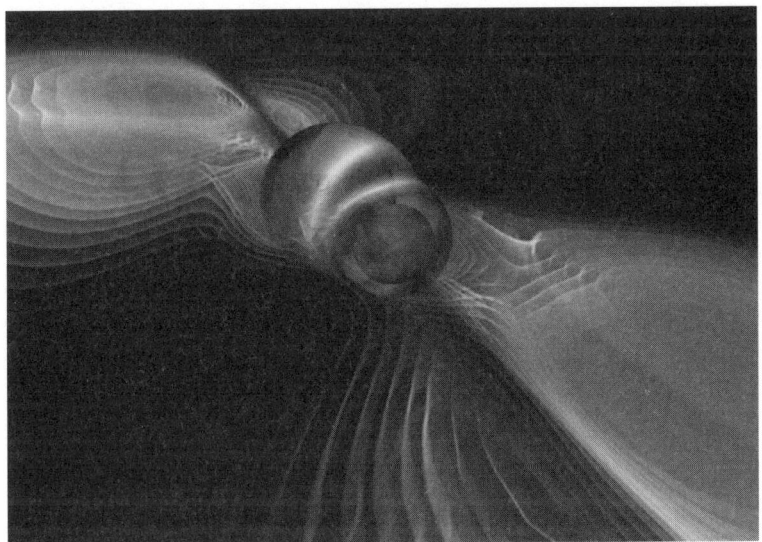

Welten im Zusammenstoß: Bei der Kollision und Verschmelzung zweier Neutronensterne oder Schwarzer Löcher wird die Raumzeit brachial erschüttert. Im Bild eine Computersimulation der dabei freigesetzten Gravitationswellen, die sich mit Lichtgeschwindigkeit ausbreiten.

Zwar ist das hundertmal weniger präzise als beim Doppelpulsar – dafür ist das System aber sehr empfindlich für den Nachweis von gravitativer Dipolstrahlung, was Einstein widerlegen und bestimmte alternative Gravitationstheorien erhärten würde.

Doppel-Neutronensterne bestätigen also nicht nur Einsteins Jahrhundertwerk, sondern sind auch ein hervorragendes Argument für die Existenz der Gravitationswellen und galten vielen Astrophysikern als die plausibelsten Kandidaten, um diese erstmals direkt zu messen, denn die Energieleistung dieser Systeme ist gewaltig. Von einem rasant rotierenden Paar aus der Entfernung des Galaktischen Zentrums kommt auf der Erde eine Leistungsdichte von 100.000 Watt pro Quadratmeter an – das

70-Fache des Sonnenlichts. Trotzdem wird eine Strecke so groß wie der Erddurchmesser dabei nur um einen Hundertmillionstel Millimeter gestaucht und gedehnt, dem Zehntel der Größe eines Atoms, und das etwa 100-mal pro Sekunde.

Wenn die Neutronensterne kollidieren, setzen sie so viel Energie der Gravitationswellen frei wie die Sonne an elektromagnetischer Strahlungsenergie innerhalb einer Jahrmilliarde. Die letzten 15 Umläufe vor dem Crash ereignen sich in einer Fünftelsekunde. Um das zu erwartende Signal zu simulieren, brauchte ein Forscherteam um Luciano Rezzolla, der inzwischen an der Universität Frankfurt forscht, sechs Wochen Rechenzeit mit einem Supercomputer.

Ein himmlisches Netzwerk

Aber Pulsare sind nicht nur Quellen der Wellen, sondern können sogar selbst als »natürliche« Detektoren fungieren – und zwar für ein völlig anderes Spektrum der kosmischen Erschütterungen, als es prinzipiell auf der Erde oder mit Raumsonden nachweisbar ist. Denn Gravitationswellen ändern den Abstand zwischen der Erde und den Pulsaren geringfügig und beeinflussen damit die Ankunftszeiten der Pulse in charakteristischer Weise. Mit drei oder vier Dutzend sehr stabil rotierenden, über den Himmel verteilten Pulsaren müssten sich daher Gravitationswellen mit Wellenlängen von Dutzenden Lichtjahren aufspüren lassen. Diese sollten bei der Verschmelzung supermassereicher Schwarzer Löcher nach der Kollision von Galaxien freigesetzt werden. Zu erwarten sind Amplituden von circa 10^{-15} für ein Signal mit der Frequenz von einer Schwingung pro Jahr. Dafür müssen allerdings einige Jahre lang die Pulsfrequenzen mit einer Präzision von mindestens einer Zehnmillionstel Sekunde registriert werden. Das ist

Natürliche Gravitationswellendetektoren: Mit drei oder vier Dutzend sehr stabil rotierender, über den Himmel verteilter Millisekunden-Pulsare (seit 1982 bekannt) lassen sich im Prinzip Gravitationswellen mit Wellenlängen von Dutzenden Lichtjahren aufspüren. Diese sollten bei der Verschmelzung supermassereicher Schwarzer Löcher nach der Kollision von Galaxien freigesetzt werden. Die Idee dazu hatten Astronomen 1990, seit 2004 suchen sie im großen Maßstab kontinuierlich nach den langwelligen Signalen.

eine große Herausforderung, doch Astronomen werden das bald messen können – die Teleskope müssen nur noch um einen Faktor drei empfindlicher werden.

Ein solches Pulsar Timing Array (PTA) könnte mit einer Riesenanlage von zusammengeschalteten Radioteleskopen bald erfolgreich sein. Dieses Square Kilometre Array (SKA) wird ab 2018 in Südafrika und Australien gebaut. Messversuche mit heutigen Teleskopen gibt es bereits. Eine wesentliche Rolle dabei spielt der 100-Meter-Parabolspiegel bei Effelsberg in der Eifel. Und schon jetzt haben sich drei große PTA-Netzwerke zusammengeschlossen: in Europa das European PTA, in Australien das PPTA mit dem Parkes-Teleskop und in den USA sowie Kanada NANOGrav (North American Nanohertz Observatory for Gravitational Waves). Diese globalen Radioteleskop-Verbände haben eine realistische Chance, noch vor dem SKA die subtilen Auswirkungen der niederfrequenten Gravitationswellen zu messen.

Es wurden bereits physikalische Grenzwerte publiziert. So hat NANOGrav mit den Teleskopen von Greenbank und Arecibo derzeit 54 Pulsare im Visier, die quasi einen 3000 Lichtjahre großen Detektor aufspannen. Die ersten neun Jahre Messzeit haben Obergrenzen für die Zahl supermassereicher Schwarzer Löcher und die Stärke des von ihnen erzeugten Gravitationswellenhintergrunds ergeben. »Wir beginnen damit, Vorhersagen bestimmter Entwicklungsmodelle der Galaxien auszuschließen«, sagt Justin Ellis vom Jet Propulsion Laboratory im kalifornischen Pasadena. »Eine Nichtentdeckung verbessert unser Verständnis der binären Schwarzen Löcher.« Vielleicht haben sie elliptischere Orbits oder eine signifikante Wechselwirkung mit Gas und Sternen in der Nachbarschaft, sodass viele von ihnen schneller kollidiert sind als bislang gedacht und daher nicht mehr nachgewiesen werden können.

Mit dem International Pulsar Timing Array, das die Daten des European PTA, PPTA und NANOGrav kombiniert, besteht eine 80-prozentige Chance, in den 2020er-Jahren den Gravitationswellenhintergrund von supermassereichen Schwarzen Löchern zu messen, hat Stephen R. Taylor vom Jet Propulsion Laboratory ausgerechnet. Michael Kramer ist noch zuversichtlicher: »Spätestens in zehn Jahren sollten wir nicht nur Nanohertz-Gravitationswellen detektiert haben, sondern mit Pulsar Timing Arrays auch die Quellen untersuchen und Tests von Gravitationstheorien durchführen können.« Die geplante SKA-Anlage – für eine deutsche Beteiligung setzt sich Kramer leidenschaftlich ein –, könnte zehnmal so viele Neutronenstern-Doppelsysteme entdecken, als man bislang kennt. Vielleicht existieren auch welche in der Nähe des Galaktischen Zentrums oder gar Paare aus einem Pulsar und einem Schwarzen Loch. Einsteins Uhren werden seine Theorie dann einer neuen und noch härteren Belastungsprobe unterziehen – und seinem Meisterwerk vielleicht einen weiteren grandiosen Triumph bescheren.

Symphonien der Raumzeit

Die Kiste mit kalifornischem Wein, die Kip Thorne kaufen musste, ist längst getrunken. 1981 hatte er mit seinem Freund Jeremiah Ostriker, Kosmologe an der Princeton University, gewettet, dass bis zum 1. Januar 2000 mindestens zwei Forschergruppen etwas bislang Unerhörtes belauschen würden – Gravitationswellen. Doch die Detektoren waren noch nicht so weit. (Eine frühere, noch optimistischere Wette mit Bruno Bertotti von 1978, dass die Wellen schon bis 1988 gemessen würden, hatte Thorne ebenfalls verloren. Ebenso eine Wette von 1995, dass die Wellen von kollidierenden Schwarzen Löchern gemessen würden, noch bevor die Theoretiker sie im Hinblick auf verschiedene Massen- und Spinverhältnisse auf zehn Prozent genau numerisch simulieren können.) Erst im 21. Jahrhundert haben die Detektoren die kritische Schwelle der Empfindlichkeit erreicht.

Thorne freilich ist mit dem Wispern des Weltalls schon lange bestens vertraut. Der emeritierte Professor für Theoretische Physik am California Institute of Technology (Caltech) in Pasadena, Nachfolger auf dem Lehrstuhl des legendären Nobelpreisträgers Richard Feynman, gehört zu den führenden Erforschern der kosmischen Erschütterungen. Er nennt sie »Kräuselungen der Raumzeit« und hatte bereits 1972 mit seinem Studenten William H. Press den wichtigen Übersichtsartikel *Gravitational-Wave Astronomy* in *Annual Review of Astronomy and Astrophysics* veröffentlicht. »So wie die Schallwellen eine Symphonie zum Publikum tragen, verschlüsselte Informationen von einem Orchester, so bringen die Kräuselungen der gekrümmten Raumzeit verschlüsselte Botschaften vom Universum zu uns«, sagt Thorne. Dieser kosmischen Musik hat er einen guten Teil seines Lebens gewidmet. »Gravitation und Relativitätstheorie haben mich schon in der Jugend gepackt. Mit etwa 13 Jahren las ich Bücher darüber. Seither hat das Thema nie an Faszination für mich verloren. Bereits als Student wurde mir klar, dass Gravitationswellen das ideale Mittel sein müssten, um aus der theoretischen Disziplin der raumzeitlichen Krümmung eine Beobachtungswissenschaft zu machen.«

Thorne spricht mit leiser, zurückhaltender Stimme, hat aber, wenn von Gravitationswellen die Rede ist, Gewichtiges zu sagen. Und das nicht nur, weil er dieses von Einstein vorhergesagte Phänomen schon seit Jahrzehnten erforscht, sondern auch, weil es von wahren Schwergewichten im Kosmos ausgelöst wird. Denn die Deformationen des Raumzeitgefüges entstehen beispielsweise, wenn zwei Schwarze Löcher miteinander kollidieren. Bis zu 40 Prozent ihrer Masse werden dabei in Form von Gravitationswellen abgestrahlt. In der Millisekunde des Verschmelzens werden 10^{52} Watt freigesetzt – so viel wie durch die Leuchtkraft aller Sterne im beobachtbaren Universum in diesem Moment. Dieser Wert ist gigantisch – und das, obwohl Gravitationswellen im alltäglichen Maßstab völlig zu vernachlässigen sind. Würde man einen Meterstab so schnell um seinen Mittelpunkt drehen, dass er gerade noch nicht bricht (etwa 0,002 Sekunden pro Umlauf), dann hätte dieser simple Gravitationswellensender eine Leistung von 10^{-37} Watt. (Ein Radiosender dagegen ist viel kleiner und liefert mühelos einige Watt.) Selbst die Gravitationswellen, die die

Erde bei ihrer Bewegung um die Sonne abstrahlt, bringen es nur auf etwa 200 Watt, und die des viel massereicheren Jupiters auf etwa 5300 Watt – dies ist alles nicht messbar. (Zum Vergleich: Die Sonne hat eine elektromagnetische Strahlungsleistung von über 10^{26} Watt; auf der Erde kommen im Mittel 1367 Watt pro Quadratmeter an, das ist die »Solarkonstante«.) Das zeigt, welche Herausforderung der Nachweis von Gravitationswellen ist. Andererseits: Die Leistung eines einzigen Pulsar-Systems wie PSR J0737-3039 beträgt 10^{47} Watt.

Gravitationswellen breiten sich im Raum ähnlich wie ein Erdbeben im Boden aus, durchdringen aber Materie, ohne nennenswert abgeschwächt zu werden. Doch die Oszillationen sind sehr, sehr schwach: Selbst wenn gerade eine Wellenfront von Milliarden Kilowatt durch unsere Körper liefe, würden wir nichts bemerken. Der Grund liegt in der extremen »Steifheit« des Raumes. Einstein hat erkannt, dass der Raum durch Materie gekrümmt werden kann, und dass die Schwerkraft sich als diese Krümmung beschreiben lässt. Dies wird häufig mit einem Gummituch verglichen, das von Massekonzentrationen – beispielsweise Sterne – ausgebeult wird. In Wirklichkeit ist der Raum jedoch unvorstellbare 10^{43}-mal steifer als ein Gummituch oder 10^{32}-mal steifer als Stahl. (Man kann das mit der physikalischen Größe des Elastizitätsmoduls ausdrücken: Gummi hat 0,05 Gigapascal, Stahl 200 und die Raumzeit 10^{24} Gigapascal). Gravitationswellen machen sich daher nur als winzige Stauchungen und Streckungen bemerkbar. »Dabei werden die Abstände senkrecht zur Ausbreitungsrichtung abwechselnd in eine Dimension gedehnt und in die andere zusammengepresst. Die Effekte liegen typischerweise in einer Größenordnung von 1 zu 10^{21}«, rechnet Kip Thorne gerne vor. Das bedeutet, dass eine Streckenlänge vom Abstand Erde–Sonne lediglich um die Größe eines Atomkerns schwanken würde. Und genau darin liegt das Problem. Obwohl der Nachweis der Gravitationswellen in der Theorie einfach ist – benötigt wird nur eine Testmasse und Messgeräte für dessen Vibrationen –, erschien er in der Praxis lange als beinahe unmöglich.

Bars: Zylinder als Lauschposten

Bekanntlich wächst man mit seinen Aufgaben – oder sollte es. Und so hat der amerikanische Ingenieur und Physiker Joseph Weber von der University of Maryland in College Park bereits Ende der 1950er-Jahre damit begonnen, über eine direkte Messung der raumzeitlichen Kräuselungen nachzudenken, obwohl deren Nachweis damals fast alle Experten für illusorisch hielten. Weil »Gravitationsstrahlung von Materie viel schwächer absorbiert wird, als jede andere Art von Strahlung«, könnte sie »die Beobachtung astronomischer Phänomene ermöglichen, die nicht genügend Licht, Radio- oder Röntgenstrahlung aussenden, oder durch dazwischen liegende Dunkelwolken verdeckt werden«, schrieb Weber 1979 und betonte: »Deshalb sind Gravitationswellen eine völlig neue Informationsquelle über das Universum.«

In den frühen 1960er-Jahren baute Weber die ersten Detektoren: mehrere Aluminiumzylinder von 1,53 Meter Länge, 61 Zentimeter Durchmesser und 1,5 Tonnen Gewicht. Solche Körper haben nämlich gerade die richtige Resonanzfrequenz (1660 Hertz), um auf relativ »laute« kosmische Quellen anzusprechen: Wenn eine Gravitationswelle, erzeugt von einer Sternexplosion, quer durch einen solchen Zylinder läuft (also senkrecht zu seiner Achse), dann wird die Länge des Zylinders periodisch um eine Winzigkeit zusammengedrückt und auseinandergedehnt. Deshalb ist ein solcher Detektor richtungsempfindlich – allerdings kann er die Wellenform nicht messen, die Art der Quelle bliebe also unbestimmt.

Eigensinniger Pionier: Joseph Weber suchte in den USA mit mächtigen Zylindern aus Aluminium seit den 1960er-Jahren drei Dekaden lang nach Gravitationswellen von Sternexplosionen in der Milchstraße. Er glaubte mehrmals, fündig geworden zu sein – aber er irrte sich. Noch immer werden ähnliche Aluminiumzylinder betrieben. Seit den 1980er- und 1990er-Jahren stehen vier 2,3 Tonnen schwere und drei Meter große Bars in der Schweiz (EXPLORER am CERN), in Italien (AURIGA, NAUTILUS) und Baton Rouge, Louisiana (ALLEGRO) sowie ein 1,5 Tonnen schwerer Niob-Zylinder (NIOBE) in Perth, Australien. Bislang fanden sie nichts.

Mithilfe piezoelektrischer Kristalle auf der Oberfläche des Zylinders, die eine elektrische Spannung erzeugen, wenn sie einem Druck oder Zug ausgesetzt sind, und die Signale hundertmillionenfach verstärken, versuchte Weber, die winzigen Oszillationen der Raumzeit nachzuweisen. Dazu hängte er gleichartige Zylinder an Drahtschleifen in Vakuumkammern auf, von seismischen Schwingungen durch verschiedene Filtermechanismen abgeschirmt, und zwar sowohl in Maryland als auch 1000 Kilometer weiter östlich im Argonne National Laboratory bei Chicago. Würden beide Anlagen innerhalb von Sekundenbruchteilen ähnliche kurze Schwingungsmuster registrieren, wäre diese Koinzidenz kein Zufall – bedingt etwa durch externe Störungen oder von der Wärmebewegung der Atome des Zylinders –, sondern Indiz einer Gravitationswelle, argumentierte Weber.

1969, 1987 und 1996 glaubte er sogar, Signale empfangen zu haben, die aus der Richtung des Galaktischen Zentrums zu kommen schienen. Wenn sie von Supernovae stammten, dann müssten sich diese Sternexplosionen nicht alle vielleicht 200 Jahre ereignen, wie die astronomischen Abschätzungen lauteten, sondern mehrmals pro Woche. Dies würde eine Massenabnahme im Innenbereich der Galaxis von bis zu 1000 Sonnenmassen pro Jahr implizieren. »Das bedeutet aber eine Zerstrahlung des gesamten Milchstraßenkerns innerhalb von *nur* 10^8 Jahren (die Sonne ist etwa 50-mal so alt!)«, erläuterte der Physiker Friedrich Hehl diese unrealistische Folgerung 1972 in der *Naturwissenschaftlichen Rundschau*. Doch Webers Daten – wahrscheinlich wurden die Koinzidenzen durch Prozesse der Datenübertragung oder -analyse nur vorgetäuscht – konnten physikalisch gar nicht stimmen, wie etwa Kip Thorne und Vladimir Braginsky von der Universität Moskau später vorrechneten, denn quantenmechanische Effekte überlagern in Detektoren dieses Typs jedes Signal. Der ehrgeizige Weber beharrte aber bis zu seinem Tod im Jahr 2000 auf seinen

Messungen und ist zumindest als Pionier der Gravitationswellensuche in die Wissenschaftsgeschichte eingegangen. Unbeirrt hat er sein Ziel verfolgt, auch nachdem ihm die National Science Foundation 1987 die Mittel gestrichen hatten.

Einige Physiker nahmen Webers Resultate zunächst ernst und versuchten sie zu bestätigen und zu verfeinern. Dazu wurden auch andere Zylinder verwendet, in Moskau beispielsweise von Vladimir Braginsky und Eugene Popov, an der Stanford University von William Fairbank und William Hamilton, die ihre Detektoren auf minus 269 Grad Celsius kühlten. Ab 1970 wurde die Suche nach Gravitationswellen am Max-Planck-Institut für Physik und Astrophysik in München in Angriff genommen. Dort wirkte Heinz Billing, ein Pionier der Computertechnik, der nun Webers Behauptungen überprüfen wollte. Mit Walter Winkler sowie einer Gruppe um Karl Maischberger im italienischen Frascati versuchte er 1972 bis 1975, die Wellen mithilfe präziserer Technik und besserer Datenverarbeitung zu erhaschen. Die Empfindlichkeit der ungekühlten Detektoren konnte zwar um ein 1000-Faches gesteigert werden, im Prinzip waren Längenänderungen von nur 10^{-15} Zentimeter messbar, doch diese Koinzidenzexperimente fanden nichts.

Inzwischen ließ sich die Sensitivität der als »Bars« bezeichneten Detektoren weiter steigern. Selbst das Quantenrauschen kann unter bestimmten Umständen unterdrückt oder rechnerisch eliminiert werden. Zylinder sowie in alle Richtungen lauschende kugelförmige Instrumente in Italien, Brasilien, Japan, China, der Schweiz, den Niederlande und den USA – quasi ein internationales Gravitationswellen-Xylophon für verschiedene Frequenzen – könnten einen heftigen Ausbruch in der Milchstraße nachweisen. Oder hätten es gekonnt. Doch solche Ereignisse sind offenbar extrem selten ... und nichts wurde bislang gemessen. Webers Resultate gelten als eindeutig widerlegt.

Beams: Laserstrahlen als Schwingungsmesser

Teurer und technisch aufwendiger, aber auch wesentlich empfindlicher sind die als »Beams« bezeichneten Laser-Interferometer-Detektoren. Die Idee geht auf eine kurze Abhandlung der russischen Physiker Mikhail Gertsenshtein und Vladislav I. Pustovoit von 1962 zurück. Unabhängig davon und in wesentlich mehr Details schlug auch Rainer Weiss vom Massachusetts Institute of Technologie (MIT) diese Methode vor, publiziert im *Quarterly Progress Report* Nummer 105 vom 15. April 1972, und startete damit die Entwicklung. (Der in Berlin geborene Physiker trug übrigens auch maßgeblich zur Erforschung der Kosmischen Hintergrundstrahlung mit dem COBE-Satelliten bei, dem Cosmic Background Explorer.)

»Drei Massen hängen erschütterungsfrei an den Endpunkten und dem Eckpunkt einer L-förmigen Vorrichtung«, erläutert Kip Thorne das Messprinzip. »Wenn eine Gravitationswelle von oben oder unten durch die Anlage läuft, werden die beiden Strecken des L abwechselnd gedehnt und gestaucht. Die Längendifferenzen können mit Interferometrie gemessen werden.« Dabei jagt ein Laserstrahl durch einen Strahlteiler, der auf der Eckmasse in der Mitte der L-förmigen Konstruktion angebracht ist. Der Strahlteiler spaltet den Strahl, indem er nur die Hälfte der Photonen durchlässt, die andere ablenkt. Die beiden Strahlen laufen durch die Vakuumröhren entlang der beiden Schenkel des L und werden an ihrem Ende von Spiegeln, die als Testmassen dienen, zum Strahlteiler zurückgeworfen. Ein Teil des Lichts gelangt dann in einen Photodetektor. Die Anlage ist so eingestellt, dass sich die überlagernden Laserstrahlen im Photodetektor durch destruktive Interferenz gerade auslöschen. Verändert eine Gravitationswelle die Abstände zwischen den Testmassen vorübergehend geringfügig, ändert sich auch das Interferenzmuster. Dann gelangt ein

Teil des Laserstrahls in den Detektor und erlaubt Rückschlüsse über die Veränderung der Messstrecke. Das Prinzip ist also dasselbe wie beim Michelson-Morley-Interferometer, mit dem Ende des 19. Jahrhunderts – vergeblich – nach dem Lichtäther gesucht wurde. Nur galt damals der Raum als absolut unveränderlich, während die Lichtgeschwindigkeit als variabel angenommen wurde. Heute ist es genau umgekehrt.

Man kann zwar sagen, dass durch die Dehnung und Stauchung des Raums auch die Wellenlängen des Laserlichts entsprechend modifiziert werden und sich damit die Zahl der Wellenberge und -täler im Interferometer-Arm nicht ändert. Daraus folgt jedoch nicht, dass es deshalb keinen Maßstab gäbe, der die Auswirkung der Gravitationswellen nachweisen kann. Was sich »dehnt«, ist nämlich ein komplizierter Sachverhalt. Er hängt von den sogenannten Eichfreiheiten der Allgemeinen Relativitätstheorie ab, in der Koordinatensysteme frei gewählt werden können. Denn Einsteins Feldgleichungen sind kovariant: Sie gelten unabhängig vom Koordinatensystem (die menschliche Konstrukte sind, keine objektiven physikalischen Sachverhalte). Man kann daher Koordinaten definieren, in denen die Wellenlängen des Laserlichts konstant bleiben und sich die Spiegel bewegen. In diesem Bezugsrahmen werden die veränderten Koordinatenabstände über die unterschiedliche Lichtlaufzeit gemessen. Gelangt eine Gravitationswelle durch den Detektor, kommt es zu einer unterschiedlichen Stauchung und Dehnung der beiden senkrecht zueinander stehenden Detektorarme. Dies verändert das Interferenzmuster der zusammengeführten Laserstrahlen, die zuvor in den beiden Armen hin und her reflektiert wurden. Das Licht dient also als »Uhr« und ermöglicht es, den Koordinatenabstand zu ermitteln, der durch die Gravitationswellen modifiziert wird. Die Lichtgeschwindigkeit ist konstant – und daher führt eine Veränderung der Distanzen zwischen den Spiegeln zu einer veränderten Lichtlaufzeit. Das ist es, was gemessen wird. (Dies hat nichts mit der relativistischen Zeitdilatation oder der Shapiro-Zeitverzögerung zu tun.) Im Prinzip reicht auch ein einziger Laserarm zur Messung der veränderten Lichtlaufzeit. Allerdings wäre das Rauschen im Laserlicht stärker als die Gravitationswelle. Bei zwei Armen ist es identisch und kann subtrahiert werden.

Laser-Interferometer sind »gewissermaßen Mikrofone für das All, die in fast alle Richtungen lauschen. Sie müssen bei der Datenaufnahme nicht wie Teleskope ausgerichtet werden«, sagt Benjamin Knispel vom Max-Planck-Institut für Gravitationsphysik in Hannover. Kleine blinde Flecken haben sie jedoch schon. »Die messbare Auswirkung von Gravitationswellen – das Dehnen und Stauchen des Raums – erfolgt senkrecht zur Ausbreitungsrichtung der Welle. Daher hat ein interferometrischer Detektor seine höchste Empfindlichkeit stets in der Achse senkrecht zur Ebene, die von den Interferometer-Armen aufgespannt wird. Eine entlang dieser Senkrechten eintreffenden Welle ruft die größten relativen Längenänderungen der Arme hervor.« Entsprechend lassen sich die für Messungen nicht zugänglichen Richtungen identifizieren: »Wenn die Arme des Detektors wie die Zeiger einer Uhr auf 12 Uhr und 2 Uhr liegen und die Gravitationswelle in der Diagonalen zwischen den Armen eintreffen, also in der Ziffernblattebene aus Richtung 1.30 Uhr oder 7.30 Uhr, so kommt es zu keinen relativen Längenänderungen der Arme. Beide Arme werden synchron gedehnt und gestaucht, die Längendifferenz verschwindet. Das gleiche gilt, wenn die Welle aus Richtung 4.30 Uhr oder 10.30 Uhr kommt.« Genau genommen trifft das nur für Wellen mit +-Polarisation zu; bei der x-Polarisation ist das Muster um 45 Grad gedreht und es gibt zusätzliche kleine unempfindliche Bereiche, hauptsächlich in der horizontalen Ebene. Das ist in der Praxis aber nicht sonderlich relevant, da mehrere Detektoren zum Einsatz kommen, die nicht in derselben

Feinsinnige Wegbereiter: In München begann ein Team um Heinz Billing, mit Laser-Interferometern nach Gravitationswellen zu fahnden. Auch wenn die Detektoren zu unempfindlich für eine Entdeckung waren, schuf die Pionierarbeit viele Grundlagen für größere Systeme. Das Foto von 1977 zeigt Walter Winkler (links) und Karl Maischberger an einem Prototyp.

Ebene liegen, und weil die Erde rotiert. Bei langen Signalen, zum Beispiel von rotierenden Neutronenstern-Doppelsystemen, wird jede Raumrichtung abgedeckt.

Durch kilometerlange L-Schenkel sowie ein vielfaches Hin-undherreflektieren der Laserstrahlen kann die Messstrecke im Interferometer viel größer gewählt werden als bei den Zylindern. Dadurch lässt sich die Empfindlichkeit beträchtlich steigern. Und die Interferometer haben noch einen weiteren Vorteil: »Zylinder sprechen nur auf Gravitationswellen einer engen Bandbreite an, sodass ein Xylophon vieler verschiedener Zylinder notwendig wäre, um das gesamte Spektrum der Gravitationswellen zu empfangen«, sagt Thorne. »Die Testmassen eines Interferometers auf der Erde reagieren dagegen auf alle Frequenzen von mehr als einer Schwingung pro Sekunde mit einer leichten Pendelbewegung, sodass das Interferometer eine große Bandbreite besitzt und drei oder vier solche Instrumente ausreichen, um die Symphonie der Gravitationswellen vollständig aufzufangen.« Thorne hatte sich bereits Mitte der 1970er-Jahre für den Bau von »Beam«-Detektoren eingesetzt (wobei er ursprünglich dachte und in seinem Lehrbuch *Gravitation* von 1973 sogar vorrechnete, dass dieses Prinzip nicht funktionieren könne).

Die erste Anlage (zwei Meter) haben Robert Forward und seine Kollegen ab 1971 an den Hughes Research Laboratories im kalifornischen Malibu konstruiert (Forward machte sich auch als Autor von elf Science-Fiction-Romanen einen Namen). Und in Deutschland wurden Heinz Billing und seine Kollegen aktiv. Bereits 1975 bauten er, Karl Maischberger, Roland Schilling, Lise Schnupp, Albrecht Rüdiger und Walter Winkler einen drei Meter großen Prototyp, in dem das Licht eines Argon-Lasers bis zu 150-mal hin und her reflektiert wurde. Doch mit drei Watt war er zu schwach, schwankte zu sehr, und Erschütterungen störten die Anlage. Das war sehr lehrreich. 1983, inzwischen am neuen Max-Planck-Institut für Quantenoptik in Garching, errichteten die Wissenschaftler einen Interferometer mit 30 Meter Armlänge und setzten wiederum »gefaltetes« Laserlicht ein. 1985 beantragten sie Gelder für eine 3-Kilometer-Anlage, was abgelehnt wurde. 1986 scheiterte ein ähnlicher Antrag der University of Glasgow – wo seit 1977 Entwicklungsarbeiten stattfanden und in einen 10-Meter-Interferometer 1980 mündeten. Daher beschlossen die Deutschen und Briten zu kooperieren und einen Detektor im Harz zu bauen. Doch auch dessen Finanzierung wurde 1989 abgelehnt, die »deutsche Einheit« warf ihre Schatten voraus. 1994 jedoch der Durchbruch: In Niedersachsen wurde eine 600-

Meter-Anlage bewilligt: GEO600. Im September 1995 erfolgte der Spatenstich, 2002 ging der Interferometer in Betrieb. Leiter ist seit Beginn Karsten Danzmann, Direktor am neu gegründeten Max-Planck-Institut für Gravitationsphysik in Hannover, der zuvor bereits in München wirkte. Mit beteiligt sind unter anderem die Universitäten Hannover, Cardiff und Glasgow.

Nachdem die ersten Prototypen die prinzipielle Machbarkeit der Laser-Interferometrie erwiesen hatten und die Erfolgsaussichten der Beam-Detektoren bald besser als die der Bar-Detektoren erschien, wurde in den USA beschlossen, auf Nummer Sicher und somit Groß zu gehen. Schon 1975 hatten Kip Thorne und Rainer Weiss über Gravitationswellendetektoren diskutiert, nachdem sie bei einer Konferenz im ausgebuchten Washington zufällig ein Hotelzimmer teilten. Thorne rekrutierte Ronald Drever von der University of Glasgow und startete ein Programm am Caltech, Weiss ebenso am MIT. Auf Drängen der National Science Foundation (NSF), die die Vorhaben förderte, wurden die beiden Teams 1984 vereinigt. Das Projekt erhielt den Namen LIGO – Laser Interferometer Gravitational-Wave Observatory. Vorgesehen waren zwei Interferometer mit jeweils zwei L-förmig angeordneten Vakuumröhren von vier Kilometer Länge. 1988 begannen die Vorarbeiten, Begutachtungen und Verhandlungen mit der NSF. 1992 wurden von 19 geprüften Standorten zwei 3000 Kilometer voneinander entfernte ausgewählt: Sie befinden sich bei Hanford im US-Bundesstaat Washington und bei Livingston in den Wäldern von Louisiana. Doch die Kosten drohten bald aus dem vereinbarten Rahmen zu laufen und die Organisationsschwierigkeiten wurden immer größer. Deshalb wurde 1994 ein neuer Direktor berufen, der in der Teilchenphysik sehr renommierte Barry Barish vom Caltech. Ihm gelang es, dass die Caltech- und MIT-Gruppen, die für die Anlagen weiterhin hauptsächlich zuständig waren, nun Hand in Hand arbeiteten, und dass das bereits auf 292 Millionen Dollar angewachsene Projekt zügig realisiert werden konnte – ein keineswegs einfacher, aber notwendiger Übergang zur »Big Science«, der auch mit entsprechend finanzierten theoretischen Studien begleitet werden musste.

LIGO erfordert mit heute rund 1200 Beteiligten – 100 Forschungsgruppen in den USA und 17 weiteren Ländern – die Organisation eines Großunternehmens. »Der Wechsel von einem unabhängigen Arbeitsstil zu einer straff organisierten Arbeitsform ist schmerzlich«, gibt Thorne zu, der als Einzelgänger eigentlich lieber in der Dachstube seines Hauses an der Lösung abstrakter physikalischer Probleme knobelt. »Wenn es jedoch gelingt, Gravitationswellen zu entdecken und ihre Botschaft zu entschlüsseln, werden die Freude und die Aufregung darüber die Erinnerung an die negativen Aspekte sicherlich rasch verdrängen«, sagte er noch vor Inbetriebnahme von LIGO. Seit Barishs Übernahme des Managements entwickelte sich alles erstaunlich glatt. Und so liefen die Detektoren bald nach der Jahrtausendwende endlich an.

Die erste Forschungsphase von LIGO dauerte von 2002 bis Oktober 2010. Sie sollte demonstrieren, dass die hochempfindliche Technik funktionierte. Und das gelang. Jede Entdeckung wäre ein krönender Bonus gewesen. Doch LIGO maß nichts, auch nicht im Verbund mit den kleineren europäischen Detektoren GEO600 sowie Virgo in Italien. (Es gab nur zwei große Gravitationswellen-Alarme, 2007 und 2010, die allerdings absichtlich zu Übungszwecken von einer kleinen Gruppe der Forscherkollaboration in das LIGO-Computersystem eingespielt wurden, um das weitere Vorgehen und die Überprüfungsprozeduren zu testen.)

»Wir sagten immer, mit dem initialen LIGO wäre eine Entdeckung möglich und mit Advanced LIGO wahrscheinlich«, erinnert sich Barish an die Verhandlungen zur Finanzierung des gravitativen Lauschpostens. »Wir leben nun in einer anderen Zeit. Es gibt Konfusionen über den Wert der Grundlagenfor-

Lauschposten für die Raumzeit-Beben: Die beiden exakt 3994,5 Meter langen und 3002 Kilometer voneinander entfernten Gravitationswellendetektoren LIGO bei Hanford (rechts) und Livingston in den USA.

schung im Vergleich zur Angewandten Wissenschaft und Ingenieurskunst. Wichtige Ausschüsse des US-Kongresses werden von Politikern geleitet, die die Evolutionstheorie ablehnen. Kurzfristige Ziele werden bevorzugt, langfristige Visionen sind rar. Ein ähnliches Projekt wie LIGO mit so hohen Risiken würde heute gar nicht mehr in Angriff genommen werden«, kommentierte 2016 Richard Isaacson frustriert, der bis zu seiner Rente NSF-Programmdirektor für Gravitationsphysik war und jetzt die Webtechniken der Araber im Usbekistan des 19. Jahrhunderts erkundet.

Nach der fünfjährigen Pause war LIGO für 205 Millionen Dollar stark verbessert und um das Drei- bis Zehnfache seiner Empfindlichkeit gesteigert worden. Vor dem »Upgrade« war LIGO für Gravitationswellenfrequenzen von 40 bis 10.000 Hertz sensitiv, inzwischen misst er bis zu 30 und künftig sogar bis zu 10 Hertz, was seine Reichweite günstigstenfalls verzehnfacht. Und das vertausendfacht somit das Suchvolumen. LIGO hätte das zarte Zittern der Raumzeit bei einer Kollision zweier Neutronensterne wohl bis aus einer Entfernung von 65 Millionen Lichtjahren erspüren können. Advanced LIGO, so die offizielle neue Bezeichnung, soll solche kosmischen Karambolagen noch aus

Distanzen von 500 Millionen Lichtjahren und mehr vernehmen können, und zwar mehrmals im Jahr, schätzten die Astronomen. (Die Extrapolationen variieren freilich um einen Faktor 1000: von 0,0005 bis 4 beim Stand von 2015 bis zu 0,2 bis 200 beim Design-Ziel ab 2019.)

Allerdings war der Optimismus schon einmal zu groß. »Als wir LIGO konzipierten, waren Supernovae die einzigen Quellen, mit denen wir wirklich rechneten«, erinnert sich Rainer Weiss. »Wir dachten, wir könnten eine pro Jahr erhaschen, vielleicht sogar zehn jährlich.« Doch dann zeigten Computersimulationen, dass die freigesetzte Gravitationsenergie bei den Sternexplosionen viel geringer ist, als ursprünglich gedacht. Eine Supernova müsste schon relativ nahe sein, damit sich die von ihr ausgelöste Raumzeit-Erschütterung messen ließe. Aber dann erkannten die Physiker, dass kollidierende Neutronensterne viel bessere Quellen der Gravitationswellen sind. Sie senden ein deutliches, leicht identifizierbares Signal in dem Frequenzbereich, in dem LIGO die größte Sensitivität hat.

Advanced LIGO zeichnet sich durch zahlreiche Verbesserungen aus. Zum einen werden Störsignale aus der Umgebung besser ausgefiltert. Sie sind ein großes Problem, vor allem bei Livingstone, wo eine Autobahn und Eisenbahnschienen wenige Kilometer entfernt vorbeiziehen und den Boden vibrieren lassen. Züge hatten LIGO anfänglich sogar regelrecht ausgeschaltet. Auch Holzfällerarbeiten erwiesen sich als äußerst lästig, sind aber nur temporär. Das Rauschen der Störquellen wird unter anderem dadurch radikal reduziert, dass die Spiegel, die die Laserstrahlen reflektieren, mehrstufig an Glaszylinder und Metallplatten aufgehängt sind, sodass die unerwünschten Schwingungen extrem gedämpft werden. Außerdem setzt Advanced LIGO nun viel stärkere Laser ein (200 Watt) und »recycled« deren Licht zusätzlich, was die Empfindlichkeit weiter steigert. (Man kann aber nicht

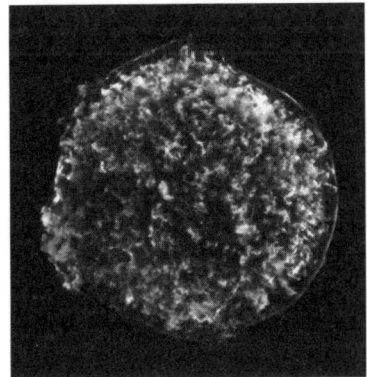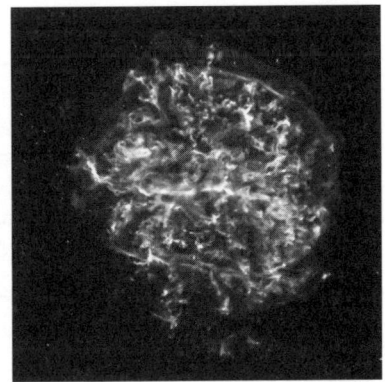

Sternentrümmer: Röntgenaufnahmen von Supernova-Überresten zeigen die Relikte explodierter massereicher Sterne. Links Tycho im Sternbild Kassiopeia, rund 13.000 Lichtjahre entfernt (im November 1572 unter an derem von dem dänischen Astronomen Tycho Brahe beobachtet). Rechts G292.0+1.8 mit einer Distanz von 20.000 Lichtjahren im Sternbild Zentaur. Wenn die Riesensterne nicht exakt symmetrisch detonieren, was aufgrund innerer Turbulenzen unwahrscheinlich ist, strahlen sie Gravitationswellen ab. Diese Oszillationen der Raumzeit sind aber bis zu 10 Millionen Mal schwächer, als noch Ende des 20. Jahrhunderts mit Simulationsrechnungen abgeschätzt, und daher wohl nur von Supernovae in der Milchstraße mess-bar – ein sehr seltenes Ereignis.

beliebig viel Photonen in den Strahlgang pumpen, weil sonst zu viel »weißes Rauschen« entsteht, das jedes Signal überlagern würde.) Auch mit ganz bodenständigen Problemen mussten sich die Techniker herumschlagen. In Hanford gab es Material-ermüdungen bei den Spiegeln und zwei mussten ersetzt werden; auch krachte einst ein Lastkraftwagen auf die Anlage, doch ohne größeren Schaden anzurichten. Und in Livingston schossen ein-mal Jäger auf die Ummantelung; außerdem nisteten Wespen bei der Anlage, und ihre chlorhaltigen Exkremente – die teilweise auf gefressene giftige Spinnen zurückgehen – erzeugten winzige Lecks in den Vakuumröhren, durch die die Laserstrahlen flitzen.

Exkurs

LIGOs raffinierte Präzisionstechnik

Das Interferometer-Prinzip zur Messung kleinster Streckenänderungen hat sich seit den 1880er-Jahren bewährt: Ein Lichtstrahl wird in einem halbdurchlässigen Spiegel aufgespalten, beide Strahlen werden dann reflektiert und im Detektor wieder zusammengeführt. Dort interferieren sie und löschen sich aus, weil sich die Wellenberge und -täler überlagern. Läuft eine Gravitationswelle durch den Interferometer, wird eine Strecke gestaucht sowie senkrecht dazu gedehnt und umgekehrt. Das erzeugt ein Signal im Detektor, da die Überlagerung gestört wird. LIGO verwendet einen 200-Watt-Laser bei 1064 Nanometer Wellenlänge (zunächst wurden nur 25 Watt genutzt). Er ist der stabilste der Welt und wird durch »Power-Recycling«-Einwegspiegel (nur einer ist rechts eingezeichnet) auf 800 Watt intensiviert, weil kaum Licht verloren geht. Die Strahlen durchlaufen rund 400-mal die vier Kilometer langen Arme durch »Binnenreflexion«, was die Messgenauigkeit vervielfacht (Fabry–Pérot-Interferometer, bereits 1897 von den französischen Physikern Charles Fabry und Alfred Pérot entwickelt). In den Röhren herrscht ein Hochvakuum (ein Billionstel des Luftdrucks auf Meereshöhe), weil Luftströmungen und Verwirbelungen von Staubteilchen die Messungen stören würden. (Es dauerte 1100 Stunden, um die 10.000 Kubikmeter jeder der beiden Röhren pro Detektor luftleer zu pumpen – das größte Vakuum auf der Erde nach dem im Teilchenbeschleuniger Large Hadron Collider bei Genf.) Auch der Lichtausgang der LIGO-Laser wird verstärkt. Die Spiegel hängen mit Glasfasern an Vierfachpendeln, was äußere Störungen beträchtlich dämpft. Außerdem wirken aktive Kompensatoren im Detektor gegen Störquellen, etwa seismische Wellen. Auch die Seismographen sollen künftig derartig abgeschirmt werden. Die Spiegel (»Testmassen«) am Ende der Arme des Interferometers sind 40 Kilogramm schwer, 20 Zentimeter dick und 34 Zentimeter im Durchmesser. Der Radius des auf sie treffenden Laserstrahls beträgt dort drei Zentimeter. Um das störende »Rauschen« der Photonen weiter zu verringern, wird in wenigen Jahren »gequetschtes« Laserlicht eingesetzt, das auf einem quantenphysikalischen Trick beruht. Es soll LIGOs Empfindlichkeit verdoppeln.

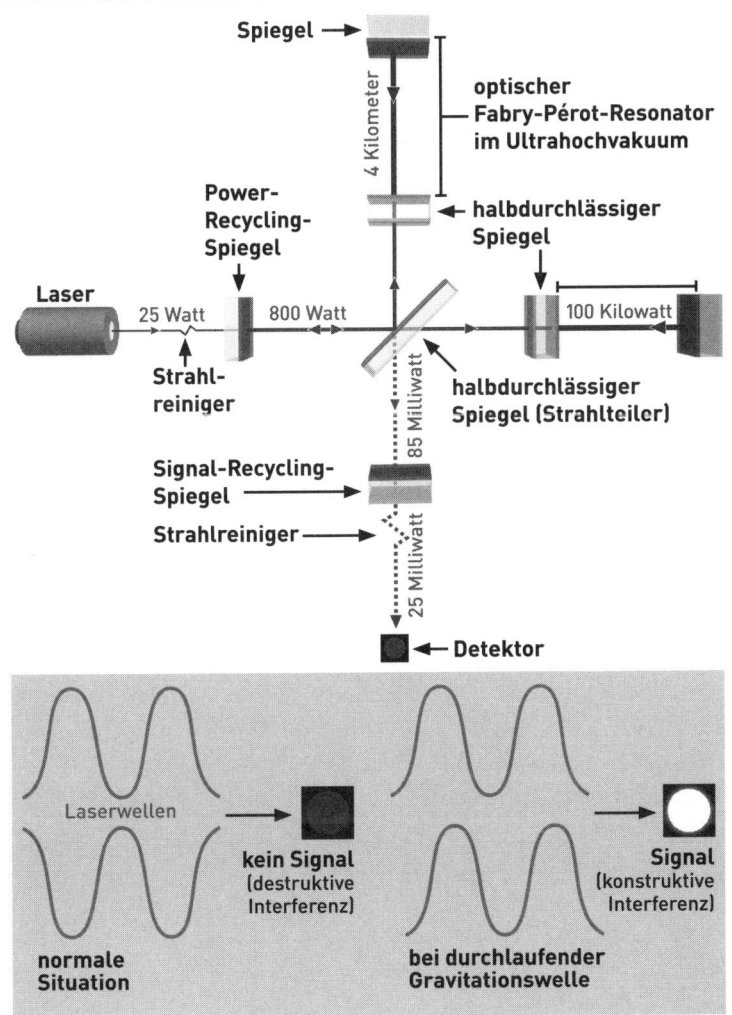

Wenn die Schwerkraft Wellen schlägt: Dann verändern sich Strecken, und das kann im Interferometer mit Laserstrahlen gemessen werden (oben), weil sich ihr Überlagerungsmuster charakteristisch ändert (unten).

Im Spiegel der Erkenntnis: Der Gravitationswellendetektoren Advanced LIGO in Hanford (oben links) und Livingston loten ferne Vorgänge im Universum aus. Dies geschieht auf nie zuvor gesehene – und eigentlich nicht einmal sichtbare – Weisen: mittels Laserstrahlen, die in zwei je vier Kilometer langen Vakuumröhren hin und her flitzen. Die Präzisionsoptik mit bis zu 40 Kilogramm schweren Spiegeln (unten links) ermöglicht es, Abstandsänderungen vom Zehntausendstel der Größe eines Protons zu messen. In den mit Betonverschalungen geschützten, drei Millimeter dicken Stahlröhren herrschen in insgesamt 10.000 Kubikmeter Volumen lediglich 10^{-9} Torr – ein Billionstel des normalen irdischen Luftdrucks und weniger als in der Umgebung der Internationalen Raumstation; dieses Vakuum wird seit zwei Jahrzehnten stabil gehalten. Im Hauptgebäude (oben links im Hintergrund) mit dem Laser und Interferenz-Detektor befindet sich das Kontrollzentrum (Foto oben). Dort laufen auf mehr als einem Dutzend großen Monitoren alle Daten zusammen, auch von LIGO-Livingston und Virgo. Zu sehen ist Michael Landry (rechts), der seit 2016 LIGO-Hanford leitet, hier im Gespräch mit dem Autor im Einstein-T-Shirt. Jeder LIGO-Detektor sammelt täglich etwa zwei Terabyte an komprimierten Daten, die archiviert werden. Die meisten dienen nicht der Suche nach Gravitationswellen, sondern überwachen die Detektoren. In Hanford wie ebenso in Livingston arbeiten normalerweise knapp 50 Personen, verteilt in drei Schichten rund um die Uhr.

Weil die Armlänge von GEO600 kleiner ist als von LIGO, besitzt der Detektor seine größte Empfindlichkeit bei hohen Frequenzen. Für die Suche nach schwachen Gravitationswellen genügt das nicht. Doch die deutsch-britische Anlage hat vor allem einen anderen Zweck: Sie ist Ideenschmiede und Probierstein.

»Wir haben eine lange Tradition der Technologieentwicklung«, betont Karsten Danzmann. »Alle Innovationen, die hieraus hervorgegangen sind, finden sich mittlerweile auch in den anderen Detektoren wie LIGO wieder: die speziellen Spiegelaufhängungen, die Lasertechnologie und überhaupt das optische Layout der Interferometer. Die vorstabilisierten Lasersysteme von Advanced LIGO haben wir bereitgestellt. Advanced LIGO ist auch unser Detektor!«

Mehr noch: Die innovative Grundlagenforschung ist ein Technologietreiber. Manche der Entwicklungen, etwa zur Lasertechnik, werden in anderen Gebieten nützliche Anwendungen erfahren. Eine skurrile Erfindung en passant gelang übrigens David Blair von der University of Western Australia bei Perth. Er hat entdeckt, dass in einem Isolator gegen Vibrationen auch ganz andere Potenziale schlummern. Das Gerät besteht aus einer 30 Zentimeter langen Aluminiumplatte, die in einem Titanrahmen aufgehängt ist und auf 0,1 Millionstel Millimeter genau ausgerichtet wird. Mit einem optischen Sensor kann dieser Abstand ständig überprüft werden, um die seismischen Störungen zu erfassen. Blairs verblüffende Erkenntnis: Mit dem Gerät lässt sich noch zehn Kilometer von der Küste entfernt die Höhe der Meereswellen mit einer Ungenauigkeit von nur zehn Prozent bestimmen – so gut wie mit Bojen auf dem Meer. Das ist nicht nur für Surfer interessant, sondern auch für Tsunami-Warnungen.

Thorne interessiert die Wellen aus dem Weltraum freilich mehr: »Sie erlauben den besten Nachweis, dass Schwarze Löcher wirklich existieren, und die genaueste Überprüfung von Einsteins

Gravitationsgesetzen. Sie werden es uns vielleicht sogar ermöglichen, dem Moment des Urknalls zu lauschen und neue physikalische Theorien zu testen, die die damals vereinigten Naturkräfte beschreiben. Gravitationswellen sind ein völlig neues Fenster zum All und werden uns wie die in den 1930er-Jahren entdeckten kosmischen Radiowellen ganz neue Einsichten ins Universum ermöglichen.« Der Vergleich ist sogar eine Untertreibung. Fast alles, was vom Universum bekannt ist, haben bislang elektromagnetische Wellen verraten – von der Radio- bis zur Gammastrahlung. Mit Gravitationswellen werden wir den Kosmos nicht mehr nur sehen, sondern erstmals quasi auch hören können.

Trotz der verlorenen Kiste Wein verlor Kip Thorne nie seine Überzeugung, dass der direkte Nachweis der kosmischen Kräuselungen nicht lange auf sich warten ließe. Befragt, was ihn über all die Jahre zu seiner Forschung angetrieben hat und noch immer motiviert, und was ihn bei dem großen technischen Aufwand zur Messung der Gravitationswellen am meisten beeindruckt, antwortet er: »Es ist die erstaunliche Fähigkeit des menschlichen Geistes, trotz aller Widrigkeiten und Schwierigkeiten Kenntnis über die vielschichtige Natur unseres Universums und Einblick in die tiefgreifende Einfachheit, Eleganz und Schönheit der ihm zugrundeliegenden Gesetze zu erlangen.«

Eine erschütternde Botschaft

Wäre Albert Einstein noch am Leben, hätte er jetzt vielleicht einen weiteren Physik-Nobelpreis erhalten. Denn ein tausendköpfiges internationales Team hat nach einem Vierteljahrhundert harter Arbeit mit dem LIGO-Detektor Einsteins Überlegungen bestätigt und damit zugleich ein neues Fenster zum Universum aufgestoßen. Die Physiker maßen 2015 erstmals direkt die

Schwingungen der Raumzeit: Gravitationswellen vom Zusammenstoß zweier ferner Schwarzer Löcher. Der Nachweis dieser winzigen Verwerfungen im Gefüge des Alls ein Jahrhundert nach Einsteins Voraussage ist eine epochale Spitzenleistung, eine äußerste Kunstfertigkeit der Experimentaltechnik, ein neuerlicher Triumph der Allgemeinen Relativitätstheorie ... und nichts weniger als eine kulturelle Großtat.

Alles begann mit einer E-Mail vor der Mittagspause. Abgeschickt wurde die Nachricht nicht von einem Menschen, sondern von einem Computersystem – beziehungsweise vom Universum selbst, aus einer Entfernung von vielleicht 1,3 Milliarden Lichtjahren. Aber das wusste Marco Drago nicht, als er auf die Messdaten schaute, die kurz zuvor aufgezeichnet worden waren – am 14. September 2015 um 11.50 Uhr und 45 Sekunden Mitteleuropäischer Sommerzeit (9.50 Uhr Weltzeit). Der damals 33-jährige Postdoc aus dem italienischen Padua, der in seiner Doktorarbeit einen Algorithmus zur Analyse von Rohdaten von Gravitationswellendetektoren entwickelt hatte, saß in seinem Büro am Max-Planck-Institut für Gravitationsphysik in Hannover. Er rief seinen Kollegen Andy Lundgren herbei, der ebenfalls ungläubig auf den Monitor blickte. Die beiden dachten, jemand hätte etwas am LIGO-Detektor justiert oder sich sogar einen Streich erlaubt (tatsächlich schliefen die Forscher in Hanford und Livingston aber, dort war es kurz vor 3 beziehungsweise 5 Uhr in der Nacht). Doch in Wirklichkeit war es eine im Wortsinn erschütternde Botschaft: ein Gravitationswellensignal von der Karambolage zweier Schwarzer Löcher, die den Weltraum förmlich erzittern ließ.

»Ich dachte nicht, dass das Signal real war, als ich es sah«, meinte Drago später. Dass er zunächst nicht an ein echtes Ereignis glaubte, lag daran, dass die »Ausschläge« so stark waren und fast wie aus einem Physiklehrbuch anmuteten. Drago glaubte, das Signal sei zu Übungszwecken ins System eingespeist worden.

Solche »blinden Injektionen« – heimliche Aktionen weniger Eingeweihter – wurden in früheren Jahren mehrmals gemacht, um die Prozeduren der Datenanalyse sowie die gesamte Teamarbeit bis zum fertigen Forschungsartikel zu testen. Erst nach dem Abschluss aller Auswertungen viele Wochen später erfolgte die Aufklärung. Doch zu Dragos Zeitpunkt wäre ein solcher Testlauf unsinnig gewesen, denn die neue wissenschaftliche Messreihe hatte noch nicht begonnen. »Die Alarmierungsschwelle liegt bei etwa einem Ereignis pro Tag, daher war ich überzeugt, dass es Rauschen war«, erzählte Drago später. »Aber aus dem Kurvenverlauf war klar ersichtlich, dass das Ereignis dem Signal von der Kollision zweier Himmelskörper glich. Das Signal war so stark, dass ich an eine blinde Injektion dachte. Ich fand aber keine angekündigte Injektionszeit und ging daher ins Büro von Andy und fragte, ob jemand eine Injektion machte. Er verneinte und ich sagte ihm, dass es ein nettes Ereignis gäbe.«

Drago informierte um exakt 12.55 Uhr MESZ das gesamte LIGO-Team per E-Mail: »Very interesting event on ER8«. Dann startete eine fieberhafte monatelange Analysephase. Dabei wurde versucht, nichts an die Öffentlichkeit dringen zu lassen, denn niemand wollte ein Resultat verkünden, das sich später als falsch erweisen würde. Zu viel stand auf dem Spiel. Trotzdem machten bereits im September Gerüchte die Runde.

»Man darf sich keine Schnellschüsse erlauben, dafür ist das Ganze viel zu delikat und diffizil«, kommentierte Karsten Danzmann später. »Man muss genau wissen, wovon man spricht. Außerdem muss man die Wahrscheinlichkeit analysieren, dass ein gewisses Signal durch Rauschen erzeugt wurde. Und dazu braucht man Zeit. Man muss dem Detektor lange zuschauen, wie er rauscht, dann hat man erst die notwendige Statistik, um die Wahrscheinlichkeit des Signals auszurechnen.« Angesichts der jahrzehntelangen Interferometer-Entwicklung kommt es auf ein paar Wochen mehr oder weniger bis zu einer seriösen Veröffentlichung auch nicht an. »Mein Kollege Albrecht Rüdiger meint, dass man als Gravitationswellenforscher nicht nur Geduld braucht, sondern ein langes Leben«, erzählt Danzmann. »Und Heinz Billing hat mir einmal gesagt, er wolle so lange leben, bis Gravitationswellen entdeckt würden. Er hat es geschafft – mit über 101 Jahren.« (Er starb am 4. Januar 2017 mit 102.)

Am 17. August 2015 hatte Advanced LIGO mit ER8 begonnen, so die Bezeichnung für den letzten Engineering Run vor O1, dem ersten Observing Run, der offiziell am 18. September startete (seit 12. September maß LIGO aber schon genauso gut). Am 10. September wurde beschlossen, O1 etwas zu verschieben, weil die Kalibrierung und das System für blinde Injektionen noch nicht so weit waren, dass letztere überhaupt wieder zum Einsatz kommen konnten. Das wussten viele LIGO-Mitglieder allerdings nicht. Daher war Matthew Evans vom Massachusetts Institute of Technology einer der ersten, der ahnte, was Drago da erblickt hatte: »Ich gehörte zu denen, die an der Software für die Injektionen arbeiteten, und sie war noch nicht fertig. Wir waren also gar nicht in der Lage, ein Testsignal einzuspeisen«, erläuterte Evans Monate später. Aber selbst für ihn erschien das Signal zunächst zu schön, um wahr zu sein. »Unsere erste Vermutung war, dass etwas mit dem Instrument nicht stimmte. Wir froren die Konfiguration der Detektoren ein, niemand durfte etwas anrühren, und wir prüften alles. Wir hatten keinen Grund zur Annahme, dass etwas nicht richtig lief, aber wir wollten absolut sicher sein.«

Am 16. September gab es beim Livingston-Detektor ein erstes Meeting. Dort betonte David Reitze vom California Institute of Technology, der LIGO Executive Director, es habe keine blinden Injektionen gegeben. Und LIGO-Sprecherin Gabriele González empfahl, auch keine mehr zu machen, zumal die frühere erklärte Absicht des LIGO-Teams war, damit aufzuhören, sobald die

Elan und Erfolg: Dass Gravitationswellen aus dem All mit dem LIGO-Detektor direkt gemessen werden konnten, ist eine Gemeinschaftsleistung von über tausend Menschen, die unmittelbar involviert waren (die Bauleute und Steuerzahler beispielsweise könnten ebenfalls erwähnt werden …). Der abgebildete »Sixpack« ist also pars pro toto gemeint (Fotos von links oben): Die wesentlichen Ideen und Konzepte für LIGO stammen von Rainer Weiss, Kip Thorne und Ronald Drever. Barry Barish hatte die Mammutaufnahme, den Bau des Detektors über viele Jahre hinweg zu managen (viel Arbeit und wenig Geld, anders als bei Banken und Konzernen). Ein großer Teil der Präzisionstechnologie wurde in Deutschland entwickelt, getestet und gebaut – vor allem am Gravitationswellendetektor GEO600; federführend war und ist dabei Karsten Danzmann vom Max-Planck-Institut für Gravitationsphysik in Hannover. Genau dort hat zuerst Marco Drago das erste klare Gravitationswellensignal von LIGO auf dem Bildschirm gesehen.

erste Entdeckung erfolgt ist. Trotzdem waren noch immer nicht alle überzeugt. Einige spekulierten über doppelblinde Injektionen, von denen nicht einmal die offiziellen Zuständigen wussten. Am 5. Oktober wurden dann die statistischen Daten verteilt. Das beendete die vorläufigen Signalanalysen; nun begannen verschiedene detaillierte, unabhängig voneinander durchgeführte Analysen. Das Signal war allerdings so stark, dass es sich auch ohne Statistik gut erkennen ließ. Am 22. Oktober fand dann das erste LIGO-Virgo-Gesamtmeeting statt, bei der die Entdeckung allgemein akzeptiert wurde. Am Tag darauf fingen ausgewählte Forscher an, alles in einem Fachartikel zusammenzufassen.

Am 11. Februar 2016 erfolgte dann die offizielle Bekanntgabe der Entdeckung auf einer Pressekonferenz im National Press Club in Washington, D.C., die live im Internet gezeigt wurde (zeitgleich gab es auch Konferenzen in London, Paris, Moskau, Pisa und Hannover). France Córdova, Direktorin der National Science Foundation (NSF), sowie David Reitze und Gabriela González von der LIGO-Virgo-Forschungskollaboration berichteten vom lange herbeigesehnten wissenschaftlichen Durchbruch. Trotz der Kritik vieler Skeptiker hatte die NSF über 40 Jahre hinweg LIGO mit insgesamt 1,1 Milliarden Dollar gefördert – das größte derartige Projekt aller Zeiten. Und die kluge Investition hat sich gelohnt. Um 16.34 Uhr MEZ verkündete Reitze die Sensation: »We have detected gravitational waves – we did it!«

Die Existenz solcher unvorstellbar schwachen Schwingungen der Raumzeit hatte Albert Einstein 1916 erstmals vorausgesagt – im Rahmen seiner wenige Monate zuvor formulierten Feldgleichungen der Gravitation. Es gehört zu den triumphalen Einsichten Einsteins Allgemeiner Relativitätstheorie, dass die Raumzeit keine passive Bühne ist, auf der sich die Dramen des Universums abspielen, ohne dass diese die Bühne beeinflussen. Sie ist vielmehr ein aktiver Mitspieler im Welttheater und gestaltet das kosmische Schauspiel mit. Die zentrale Erkenntnis der Allgemeinen Relativitätstheorie ist, wie Masse und Energie mit Raum und Zeit wechselwirken und wie die Schwerkraft als Krümmung der Raumzeit in Erscheinung tritt. Auch extreme Verdichtungen in der Raumzeit sind eine Konsequenz der Feldgleichungen: die ebenfalls 1916 beschriebenen Schwarzen Löcher. Somit hat sich 2016 nicht nur die theoretische Entdeckung der Schwarzen Löcher zum hundertsten Mal gejährt, sondern auch die Vorhersage der Gravitationswellen. Die LIGO-Messungen sind die kombinierte Bestätigung beider gedanklicher Großtaten – eine besonders gelungene Art der Gratulation. Und das, obwohl Einstein weder an die Schwarzen Löcher glaubte, noch sich die Laserstrahlen vorstellen konnte, auf denen LIGOs Messprinzip basiert. Dabei hatte er die theoretischen Grundlagen für beide gelegt.

Die Gravitationswellen zu messen, war eine gigantische Herausforderung. Denn sie sind extrem klein, weil der Raum äußerst »steif« ist. Die Schwingungen machen sich daher nur als winzige Stauchungen und Streckungen bemerkbar. Dabei wird eine Strecke senkrecht zur Ausbreitungsrichtung abwechselnd in eine Dimension gedehnt und in die andere zusammengepresst. Der Effekt liegt typischerweise in der Größenordnung 1 zu 10^{21}. Um das nachzuweisen, muss LIGO Änderungen seiner Armlängen auf ein Zehntausendstel des Durchmessers eines Protons messen (10^{-19} Meter). Das entspricht der Herausforderung, die Entfernung zwischen der Erde und dem nächsten Stern auf die sprichwörtliche Haaresbreite genau zu bestimmen. Trotzdem ist das dem LIGO-Team gelungen – mit einer ausgeklügelten Technik, die maßgeblich in Deutschland entwickelt und getestet wurde: am Max-Planck-Institut für Gravitationsphysik in Hannover.

GW150914, wie das nach seinem Datum benannte Signal heißt, dauerte nur 0,2 Sekunden. Es begann bei einer Frequenz um 35 Hertz (Schwingungen pro Sekunde) und steigerte sich auf über 250 Hertz – Musiker kennen das als »eingestrichenes C«. Die maximale relative Längenveränderung (»strain«) betrug 10^{-21}, das entspricht einer Längenveränderung von $4 \cdot 10^{-18}$ Meter im

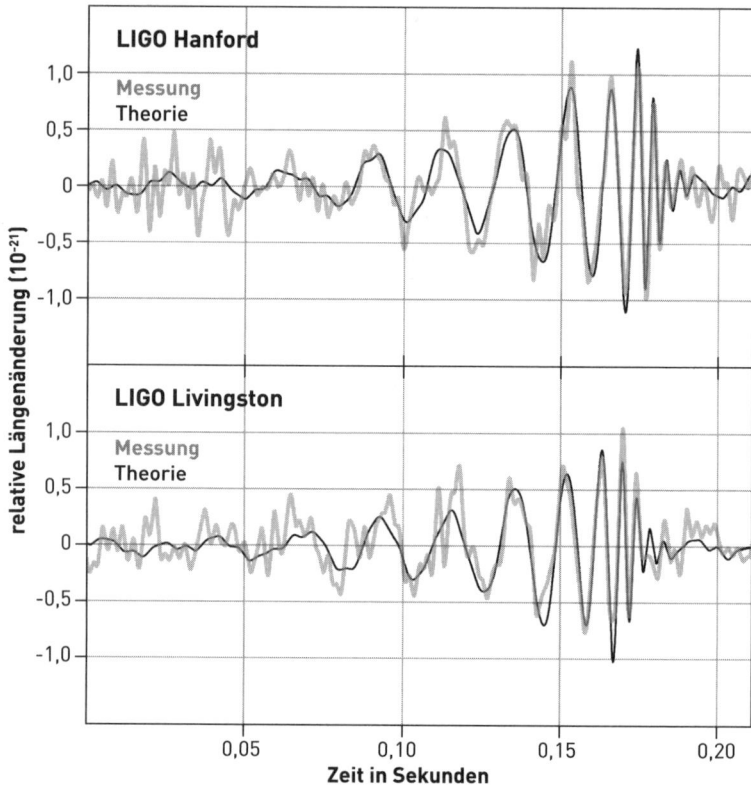

Himmlische Botschaft: Die Messkurven der Gravitationswellen GW150914 von der Kollision zweier Schwarzer Löcher mit jeweils rund 30 Sonnenmassen, aufgezeichnet von den beiden LIGO-Detektoren in Hanford (oben) und sieben Millisekunden vorher in Livingston (unten). Gezeigt ist die Stärke des Signals im Verlauf seiner Fünftelsekunde. Die beiden Datensätze stimmen exzellent miteinander überein – sowie auch mit der vorausgesagten Entwicklung, die auf Grundlage der Allgemeinen Relativitätstheorie berechnet wurde (schwarze überlagerte Modellkurve).

Detektorarm oder rund einem Tausendstel des Proton-Durchmessers. Zuerst registrierte der Detektor in Livingston das Signal, sieben Millisekunden später dann der in Hanford. Es ließ sich auf den Bildschirmen sogar mit bloßem Auge erkennen (wenn man das nötige Wissen hat). Doch es dauerte Monate, bis das Signal ausgewertet und interpretiert war und alle möglichen Störquellen ausgeschlossen werden konnten. Die statistische Signifikanz von GW150914 beträgt 5,1 Sigma – das heißt, zu einem falschen Alarm eines derartigen Ereignisses durch zufälliges Rauschen kommt es statistisch alle 203.000 Jahre. (5 Sigma, eine Zufallswahrscheinlichkeit von weniger als 1 zu 3,5 Millionen, ist der Mindestwert für eine Entdeckung laut Konvention der Physiker.) Der intensivste Teil des Signals war in beiden Detektoren mit einem Signal-zu-Rauschen-Verhältnis von 24 gemessen worden – das ist mehr als das Doppelte der üblichen Störquellen.

Die Forscher wollten ihre epochale Entdeckung nicht nur als Pressemitteilung verkünden, sondern gleich als einen begutachteten Fachartikel veröffentlichen – wie es guter wissenschaftlicher Brauch ist. Dieser Bericht ist parallel zur Pressekonferenz am 11. Februar 2016 in den renommierten *Physical Review Letters* erschienen (wegen der vielen elektronischen Downloads brach kurzzeitig sogar der Server des Verlags zusammen). Er hat 1005 Autoren, von denen drei bereits verstorben waren, und trägt den Titel: *Observation of Gravitational Waves from a Binary Black Hole Merger.* »Ich habe Gänsehaut bekommen, als ich den Artikel las«, erinnert sich Robert Garisto, der Herausgeber der Fachzeitschrift, bei der der Aufsatz am 21. Januar 2016 eingereicht wurde.

Todestanz von Schwarzen Löchern

GW150914 wurde ausgesandt bei der rasanten Annäherung und anschließenden Kollision zweier Schwarzer Löcher aus der gewaltigen Entfernung von ungefähr 1,3 Milliarden Lichtjahren. (Im Forschungsbericht wird eine Unsicherheit von plus/minus

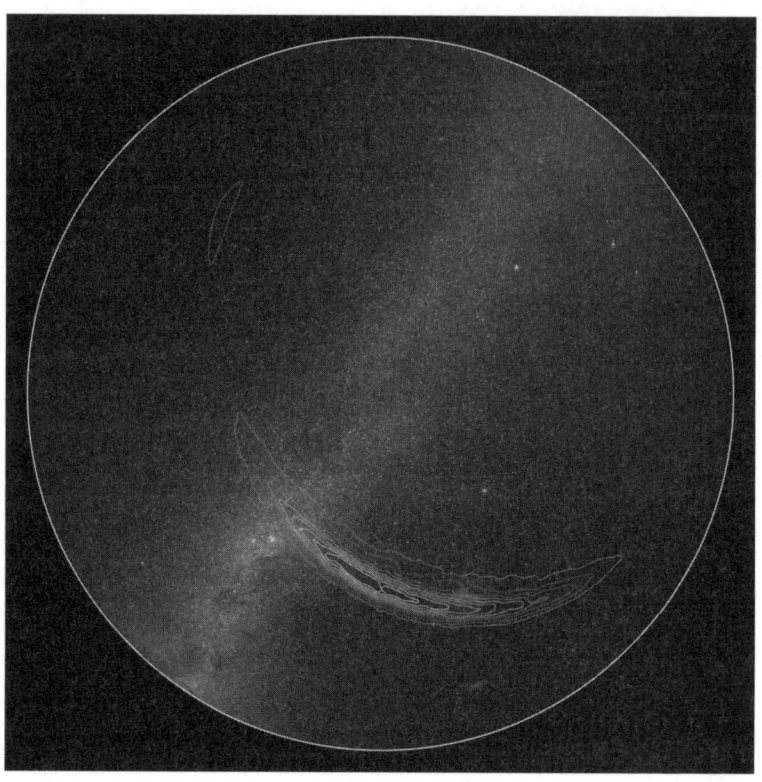

Herkunftsort gesucht: Das von LIGO gemessene Gravitationswellensignal GW150914 kam aus der südlichen Himmelssphäre: irgendwo aus dem im Himmelsfoto eingezeichneten rund 600 Quadratgrad großen streifenförmigen Bereich. Er entspricht der Fläche von 2000 Vollmonden und liegt über der Großen Magellan'schen Wolke. (Die Kleine Magellan'sche Wolke befindet sich rechts unten; das diagonale Sternenband ist die Milchstraße.)

500 Millionen Lichtjahren angegeben, bei 90 Prozent Konfidenz.) Den Ort konnte LIGO nur sehr grob eingrenzen: auf etwa ein Prozent des Himmels. Der Bereich liegt innerhalb eines 590 Quadratgrad großen Streifens am Südhimmel. Für eine genauere Lokalisation wäre ein dritter Detektor nötig gewesen.

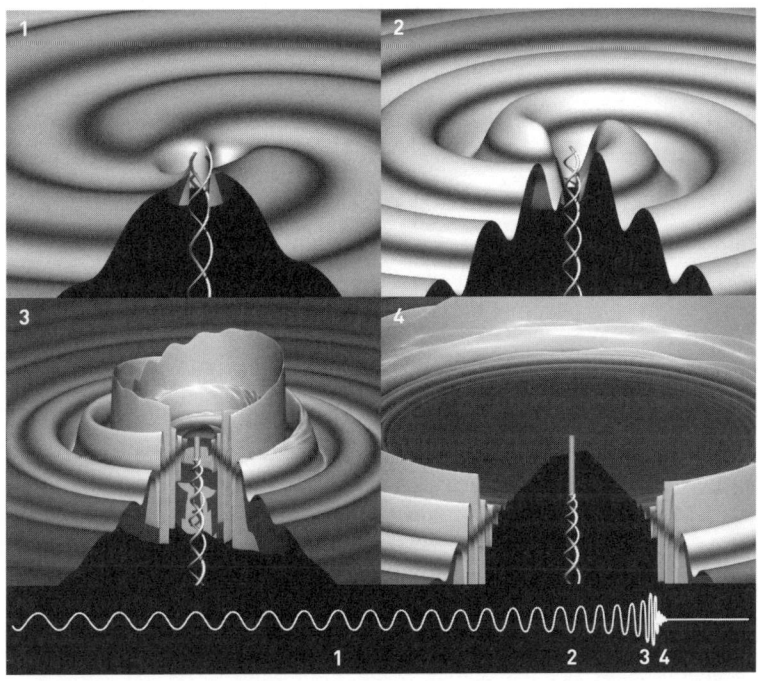

Finale Spirale: Bei der Kollision und anschließenden Verschmelzung zweier Schwarzer Löcher werden Gravitationswellen erzeugt. Ihre Stärke ist in der Computersimulation durch die »Wellenhöhe« dargestellt. Die kleine Doppelspirale in der Mitte der Teilbilder symbolisiert die umeinander kreisenden Körper, die Kurve am Rand unten zeigt den Intensitätsverlauf des Schwingungsmusters – das Maximum von GW150914 lag bei 250 Hertz. Es ähnelt einem kurzen Zwitschern, wird deshalb auch als »Chirp« bezeichnet – und es markiert die eigentliche Kollision. LIGO hatte die Gravitationswellen von etwa zehn Umläufen der Schwarzen Löcher gemessen, bevor diese verschmolzen, und daraufhin noch das »Nachklingen« (Ringdown) am Ende des brachialen Prozesses. Physiker unterscheiden drei Phasen: einspiralisierende Annäherung (»Inspiral«, oben 1, 2), Verschmelzung (»Merger«, 3) und Abklingen (»Ringdown«, 4). Mathematisch beschreiben kann man die erste mittels post-Newton'scher Näherungsverfahren und die dritte mit der Störungstheorie Schwarzer Löcher. Die zweite Phase erfordert Lösungen der vollständigen Einstein-Gleichungen, was nicht analytisch möglich ist, sondern nur mit numerischen Verfahren, und große Computerkapazitäten braucht.

Exkurs

Gezwitscherte Massen

Bei niedrigeren Frequenzen ist das Gravitationswellensignal zweier aufeinander zu spiralisierenden massereichen Objekte durch die sogenannte Chirp-Masse M charakterisiert (»chirp« ist das englische Wort für Zwitschern, was insofern passt, als die Frequenz ansteigt und sich ins Akustische übersetzt wie ein kurzes Vogelzwitschern anhört). Sie kann sehr genau gemessen werden, auf besser als ein Prozent. Diese Masse und daraus ableitbare Größen hat 1986 Bernard F. Schutz definiert, ehemals Direktor am Max-Planck-Institut für Gravitationsphysik in Golm bei Potsdam:

$$M = \frac{(m_1 m_2)^{3/5}}{(m_1 + m_2)^{1/5}} = \frac{c^3}{G}\left(\frac{5}{96}\pi^{-8/3} f^{-11/3} \dot{f}\right)^{3/5}$$

Dabei bezeichnen m_1 und m_2 die Massen der beiden Objekte auf einem kreisförmigen Orbit, f und $\dot{f}$ die gemessene Frequenz und ihre zeitliche Ableitung, G die Gravitationskonstante und c die Lichtgeschwindigkeit. $\dot{f} = (96c^3 f/5GM)(G\pi f M/c^3)^{8/3}$ ist der Chirp. Dieser Anstieg in Frequenz und Amplitude (Signalstärke) zeigt, dass die emittierten Gravitationswellen Energie aus dem Doppelsystem davontragen. Die gravitative Bindungsenergie nimmt ab, die Orbitalfrequenz zu.

Die bereits von Albert Einstein aufgestellte Quadrupol-Formel für ebene Gravitationswellen h_{jk} beschreibt für relativ langsame Systeme mit einem vergleichsweise geringen gravitativen Anteil an der Gesamtenergie des Systems die Rate, mit der Gravitationswellen emittiert werden, basierend auf der Änderung des Masse-Quadrupolmoments I_{jk} (genauer: des reduzierten spurfreien Quadrupolmoment-Tensors). Die Quadrupol-Formel, in der t – r/c die retardierte Zeit angibt, lautet:

$$h_{jk} = \frac{2G}{c^4 r}\ddot{I}_{jk}\left(t - \frac{r}{c}\right)$$

Diese linearisierte Näherungslösung ist recht genau, so lange die Wellenlängen der Gravitationswellen viel größer sind als ihre Quelle.

Pro Umlauf der Objekte umeinander werden zwei vollständige Schwingungen der Gravitationswellen abgestrahlt. Die Frequenz und ihre Änderung (Ableitung) ermöglichen es, die Distanz D des Systems abzuschätzen: $D = 5c\dot{f}/96\pi^2 h_0 f^3$. Dabei ist h_0 die dimensionslose Signalamplitude der ersten Schwingung. Zum Zeitpunkt von f ist die Gravitationsleuchtkraft L des Systems $L = (32G^4\mu^2/5c^5a^5)(m_1 + m_2)^3$ und seine Gesamtenergie $E = -(G\mu/2a)(m_1 + m_2)$, wobei a den Abstand der beiden Objekte zu diesem Zeitpunkt bezeichnet und $\mu = m_1 m_2/(m_1 + m_2)$.

So folgt aus der Messung des Gravitationswellensignals GW150914 eine Chirp-Masse von etwa 30 Sonnenmassen. Die Summe der Massen der beiden Körper, $m_1 + m_2$, aus deren Kombination sich die Chirp-Masse ergibt, lag somit bei rund 70 Sonnenmassen (im Bezugssystem des Detektors), woraus sich bereits schließen lässt, dass es zwei Schwarze Löcher waren. Bei GW150914 steigerte sich die Frequenz innerhalb von 0,2 Sekunden und acht Zyklen von 35 auf 150 Hertz, wo die Amplitude das Maximum erreichte. Die erste vollständige Schwingung f lag bei etwa 33,3 Hertz, $\dot{f}$ bei rund 100,4 Hertz pro Sekunde und h_0 bei $0,5 \cdot 10^{-21}$.

Die Amplitude hängt von der Masse und der Inklination (Betrachtungswinkel) des Doppelsystems ab. Auch seine Position am Himmel beeinflusst die gemessene Signalstärke, weil die Detektoren nicht für alle Richtungen gleich empfindlich sind.

»Vor der Verschmelzung ist die Signalfrequenz proportional zur Umlauffrequenz«, fasst Alessandra Buonanno vom Max-Planck-Institut für Gravitationsphysik zusammen, die wichtige Beiträge zur Modellierung solcher Ereignisse mit analytischen Näherungslösungen und numerischen Integrationen geleistet hat. »Die Signalamplitude ist proportional zur charakteristischen Umlaufgeschwindigkeit der beiden Partner des Doppelsystems. Während der letzten Entwicklungsphase entspricht diese nahezu der Lichtgeschwindigkeit.« GW150914 bezeichnet die Physikerin als »goldene Quelle«: »Denn das Signal von solch massereichen, verschmelzenden Doppelsystemen schwingt genau in jenem Frequenzbereich, in dem die Detektoren am empfindlichsten sind. Und während sich die Schwarzen Löcher vereinigen, ist das Signal am stärksten.«

Numerische Simulationen verschiedener Kollisionen begannen in den 1960er-Jahren. Doch erst 2005 gelang in den USA der Durchbruch.

Die Schwarzen Löcher umkreisen sich zuletzt mit mehr als der Hälfte der Lichtgeschwindigkeit (75-mal pro Sekunde bei nur 350 Kilometer Entfernung – jeder Neutronenstern wäre da längst durch die Gezeitenkräfte zerrissen worden). Die Massen der beiden etwa 150 bis 200 Kilometer großen Schwarzen Löcher ließen sich aus den Messkurven auf 29 und 36 Sonnenmassen errechnen und die Masse des Verschmelzungsprodukts auf 62 Sonnenmassen (also nicht 65 = 29 + 36). Die Unsicherheit beträgt jeweils plus/minus vier Sonnenmassen. Somit müssen drei Sonnenmassen (plus/minus 0,5) in Form von Gravitationswellen abgestrahlt worden sein: unvorstellbare 3,6 plus/minus 0,5 · 10^{49} Watt. Hier ist also gemäß Einsteins berühmter Formel $E = mc^2$ Masse in Energie umgewandelt worden – und zwar im Sekundenbruchteil der Kollision das 50-Fache der Energie aller Sterne im beobachtbaren Universum! Es ist das energiereichste Ereignis, das jemals im All gemessen wurde. (Selbst der ultraleuchtkräftige Gammablitz GRB 110918A, vermutlich die Explosion eines Riesensterns, erreichte höchstens ein Zehntel davon.)

Acht Tausendstel Sekunden vibrierte das finale Schwarze Loch noch (Ringdown), was sich in den letzten Zuckungen des Raumzeit-Kontinuums ablesen ließ, dann war Ruhe.

Lehren von LIGO – Hawking und Haare

»Wir haben ein neues Fenster zum All aufgestoßen«, sagte David Reitze auf der Pressekonferenz. »Es ist das erste Mal, dass so etwas beobachtet wurde. Und es ist der Beweis dafür, dass Doppelsysteme aus Schwarzen Löchern existieren.« Auch Kip Thorne freute sich sehr: »Das Signal war gerade so stark, dass wir es mit den technisch aufgerüsteten Detektoren nachweisen konnten – ein Geschenk der Natur.«

Nach der fulminanten Premiere von LIGO durften weitere Entdeckungen nicht allzu lange auf sich warten lassen. Tatsächlich gab es bald Hinweise auf weitere Ereignisse. Ein zweites potenzielles Signal hatte das LIGO-Team bereits am Ende der ersten Publikation von GW150914 kurz erwähnt. Es hat den Namen LVT151012 (LIGO-Virgo Trigger plus Datum) und wurde am 12. Oktober 2015 um 9.54 Uhr Weltzeit mit einem Signal-zu-Rauschen-Verhältnis von 9,7 registriert. Es könnte von der Kollision zweier Schwarzer Löcher mit 23 und 13 Sonnenmassen (mit großen Unsicherheiten) aus einer Distanz von 3 plus/minus 1,5 Milliarden Lichtjahren stammen (Chirp-Masse: 15 Sonnenmassen). Die LIGO-Forscher geben dafür eine falsche Alarmrate von 1 in 2,3 Jahren an. Das heißt, dieses zweitstärkste Ereignis im Beobachtungszeitraum vom 12. September bis 20. Oktober 2015 kann mit 87 Prozent Wahrscheinlichkeit ein Gravitationswellensignal gewesen sein und verdient entsprechende Aufmerksamkeit; aber die statistische Signifikanz (2,1 Sigma) reicht nicht aus, um es als Entdeckung zu handeln.

Wäre GW150914 typisch, könnte ein solches Signal den ersten Schätzungen zufolge zwei- bis 400-mal pro Jahr und Kubikgigaparsec vorkommen (das ist ein Volumen von 35 Milliarden Kubiklichtjahren, denn ein Parsec sind 3,26 Lichtjahre). Dann würde LIGO künftig vielleicht wöchentlich oder günstigstenfalls gar täglich neue Gravitationswellen detektieren. Denn bis zum Jahr 2020 wird sich die Empfindlichkeit von LIGO hoffentlich noch einmal verdreifachen lassen.

Nicht nur die Tatsache, dass erstmals der direkte Nachweis von Gravitationswellen gelang, ist ein Meilenstein in der Geschichte der Experimentalphysik. Auch das Studium der Quellen dieser Wellen bedeutet einen großen Erkenntnisgewinn. Das hat das internationale LIGO-Forscherteam gleich im Februar 2016 in mehreren Fachartikeln ausgeführt. So haben die renommierten *Astrophysical Journal Letters* einen Bericht mit dem Titel *Astro-*

physical Implications of the Binary Black Hole Merger GW150914 publiziert. Die drei wichtigsten Schlussfolgerungen lauten:

› LIGOs Messungen sind das beste Indiz für die Existenz Schwarzer Löcher (sieht man von sehr unrealistischen Zusatzannahmen oder exotischen, unausgeorenen Alternativen ab).

› GW150914 belegt, dass es stellare Schwarze Löcher mit über 25 Sonnenmassen gibt. Alle zuvor durch andere astronomische Messungen bekannten stellaren Schwarzen Löcher sind leichter.

› Außerdem zeigte GW150914, dass im nicht allzu fernen Weltall Schwarze Löcher miteinander verschmelzen. Das machten diverse Abschätzungen zuvor zwar plausibel, legten es aber nicht zwingend nahe – zumal es gemäß mancher Modelle unwahrscheinlich sein sollte innerhalb des bisherigen Alters des Universums von 13,8 Milliarden Jahren.

Auch für die Theorie der Schwarzen Löcher sind die LIGO-Messungen von großer Bedeutung. Ihre Existenz wird kaum mehr bezweifelt, aber die Indizien dafür sind alle indirekt. »Wir nehmen sie in letzter Zeit als gegeben hin, was ziemlich überheblich sein mag«, meint Frans Pretorius, ein Experte für die Simulation ihrer Kollisionen an der Princeton University in New Jersey. »Wenn man jedoch bedenkt, was das für eine außergewöhnliche Vorhersage ist, dann braucht man auch außergewöhnliche Beweise.« Die Messung der Gravitationswellen liefert ein solches hartes Argument.

Stephen Hawking von der Cambridge University gratulierte dem LIGO-Team gleich voller Begeisterung. Er hat allen Grund zur Freude, stützen die Daten doch manche seiner eigenen Forschungen zu den Schwarzen Löchern. »Die Messungen können die Allgemeine Relativitätstheorie für Gravitationsfelder überprüfen, die stark und hochdynamisch sind. Und die Daten passen zu meiner Vorhersage aus dem Jahr 1970, dass die Oberfläche des finalen Schwarzen Lochs größer ist als die Summe der Oberflächen der beiden ursprünglichen Schwarzen Löcher«, kommentierte er im Hinblick auf sein »Black Hole Area«-Theorem.

»Die Messungen sind zudem konsistent mit dem ›No Hair‹-Theorem«, sagte Hawking. Er meinte damit die Tatsache, dass klassische Schwarze Löcher nur drei Eigenschaften besitzen, mit denen sie sich vollständig beschreiben lassen: Masse, Drehimpuls und elektrische Ladung (die im Regelfall null ist). Der skurrile Name des Theorems rührt daher, dass sich sämtliche Schwarzen Löcher stark ähneln – wie uniformierte kahl geschorene Soldaten, die alle fast gleich aussehen.

Das LIGO-Team konnte aus dem Verlauf des kurzen Gravitationswellensignals GW150914 nicht nur die Masse des finalen Schwarzen Lochs errechnen, sondern auch seinen Spin. Dieser Drehimpuls wird in einer dimensionslosen Zahl ausgedrückt, also ohne eine physikalische Einheit. Er beträgt 0,67 plus/minus 0,07. Das ist relativ viel: etwa zwei Drittel des theoretischen Maximums. 0 bedeutet keinen Spin und 1 den Maximalwert, bei dem das Schwarze Loch quasi lichtschnell rotieren würde. Doch das ist streng genommen eine unsinnige Aussage. Denn es gibt keinen externen Vergleichspunkt oder Maßstab, weil der Raum um das Schwarze Loch nicht fest ist, sondern mit dessen Rotation gleichsam herumgezerrt wird wie zäher Honig beim Umrühren.

Somit ist das bei GW150914 entstandene Schwarze Loch nicht statisch, sondern es rotiert. Dieser Fall wurde 1963 von dem neuseeländischen Physiker Roy Kerr als exakte Lösung der Einstein'schen Feldgleichungen abgeleitet. Obschon es indirekte Indizien für eine teils sogar extrem rasche Rotation bei anderen Schwarzen Löchern gibt, ist GW150914 das erste Beispiel für eine quasi direkte – oder so direkt wie eben mögliche – Drehimpuls-Messung eines Schwarzen Lochs. (Welchen Spin die beiden Schwarzen Löcher vor der Kollision hatten, lässt sich aus den Daten nicht erschließen.)

Ein globales Netz von Detektoren

LIGO ist zwar nicht das einzige Instrument zur Messung von Gravitationswellen, aber das größte. Weitere Projekte sind zurzeit im Aufbau, manche laufen auch schon:

› Virgo – ein französisch-italienischer Detektor mit drei Kilometer Armlänge im italienischen Cascina bei Pisa, der 2007 in Betrieb ging. Ab 2011 wurde er verbessert und sollte in optimierter Form schon Ende 2016 in Betrieb gehen. Nach einigen Verzögerungen und viel Pech mit einer Spiegel-Aufhängung hat Advanced Virgo am 16. Juni 2017 einen Testlauf begonnen und lauschte erstmals zusammen mit Advanced LIGO. Vom 1. bis 25. August beteiligte sich Virgo dann regulär bis zum Ende von LIGOs zweitem Beobachtungslauf O2. Er besitzt etwa 75 Prozent der Empfindlichkeit von Advanced LIGO und ist sozusagen dessen kleine Schwester. Der Name bezieht sich auf das Sternbild Jungfrau (lateinisch Virgo), in dem sich der Virgo-Galaxienhaufen befindet – aufgrund seiner Nähe und Größe die wahrscheinlichste Quelle für Gravitationswellen von Neutronenstern-Kollisionen. Die Virgo-Kollaboration umfasst mehr als 280 Physiker und Ingenieure aus 20 verschiedenen europäischen Forschungsgruppen (die meisten aus Italien und Frankreich), steht in engem Austausch mit den LIGO-Forschern und ist sogar Teil einer gemeinsamen Organisation.

› GEO600 – eine deutsch-britische Anlage mit 600 Meter Armlänge bei dem Dorf Ruthe, 25 Kilometer südlich von Hannover. Baubeginn war 1995, Inbetriebnahme 2002. Ausgestattet ist GEO600 mit einem 10-Watt-Laser und 18 Zentimeter großen Spiegeln. Diverse neue Höchstleistungstechnologien wurden und werden hier ausprobiert, die Pionierfunktion für größere Anlagen haben: stabile Hochleistungslaser, Schwingungsdämpfer und extrem störungsresistente Spiegelaufhängungen. Ohne die

Made in Europe: Die Anlage des Detektors Advanced Virgo in der Nähe des italienischen Städtchens Cascina. Der Laser-Interferometer besteht aus zwei Armen; jeder ist drei Kilometer lang.

Technologie-Testplattform GEO600 wäre LIGOs Messung nicht möglich gewesen. Auch nichtklassisches (»gequetschtes«) Licht wurde bereits eingesetzt und soll künftig LIGOs Empfindlichkeit noch weiter steigern.

› TAMA300 – ein 300-Meter-Interferometer des japanischen Nationalen Astronomie-Observatoriums in Mitika bei Tokio, das zwischen 1995 und 2003 hauptsächlich zu Testzwecken betrieben wurde. Nachfolger ist:

› KAGRA (Kamioka Gravitational Wave Detector, vormals LCGT genannt: Large-scale Cryogenic Gravitational Wave Telescope Project) – wie Virgo eine Drei-Kilometer-Anlage in der unterirdischen Kamioka-Mine in Japan. Der Detektor wird etwa 200 Millionen US-Dollar benötigen – kaum mehr als der Bau von 500 Metern U-Bahn in Tokio, wie die KAGRA-Website betont – und könnte ab 2019 messen (ursprünglich war 2009 anvisiert). KAG-

RA wird weniger von seismischen Störungen betroffen sein und hat als erster Detektor auf minus 250 Grad Celsius gekühlte Saphir-Spiegel, was das thermische Rauschen reduziert.

› LIGO Indien der Indian Initiative in Gravitational Observations (IndIGO) – eine dritte Anlage, die etwa 350 Millionen Dollar kosten und ab 2023 starten soll, um die amerikanischen Detektoren zu unterstützen. Die indische Regierung beschloss den Bau am 17. Februar 2016. Komponenten dafür lagern bereits in Hanford. In den 2020er-Jahren könnte LIGO durch schwerere Spiegel und Kühlung noch empfindlicher gemacht werden.

› In Europa wird auch über ein unterirdisches 10-Kilometer-Interferometer aus drei in einem Dreieck angeordneten Armen nachgedacht, Einstein-Teleskop genannt. Es ist noch Wunschtraum, wäre technisch gesehen aber bereits heute realisierbar. Es bestünde aus drei ineinander verschachtelten Detektoren mit je zwei Interferometern und hätte die 10- bis 30-Fache Empfindlichkeit von Advanced LIGO. Der Bau würde rund 1,5 Milliarden Euro benötigen. Erste mehrjährige Designstudien, gefördert von der Europäischen Kommission, sind bereits abgeschlossen.

› Und noch kühnere Ideen handeln von einem Cosmic Explorer mit 40-Kilometer-Armen, der noch größere Wellenlängen aus noch weiteren Distanzen aufspüren könnte – bis hinein in die Epoche der ersten Sterne.

»Wenn Advanced LIGO ausgereizt ist, wird unser Appetit erst so richtig geweckt sein«, meint Karsten Danzmann zuversichtlich. »Das Einstein-Teleskop kann gebaut werden – und es wird gebaut werden, wenn der politische Wille da ist. Es geht aber nur als gesamteuropäische Anstrengung, und in den USA sollte es dann eine ähnliche Anlage geben.« Danzmann hofft, dass dieses Projekt in den 2020er-Jahren angepackt wird.

Die Fülle der Anlagen ist nicht in erster Linie eine Folge von Konkurrenzdenken bei der Jagd auf die Raumzeit-Kräuselungen, sondern vielmehr eine notwendige Form der Kooperation. Die Forscher tauschen ihre Messdaten schon lange aus und haben bei den gleichzeitigen Kampagnen von LIGO, Virgo und GEO600 eng zusammengearbeitet.

Das ist auch notwendig, denn es braucht mindestens zwei Detektoren, um Messfehler auszuschließen, und einen dritten, um die Richtung der Quellen anzupeilen; beziehungsweise sogar vier, wenn man sie allein aus den Zeitunterschieden errechnet. Will man außerdem die Theorie der Gravitationswellen selbst testen – also die Allgemeine Relativitätstheorie gegenüber ihren Alternativen, die zusätzliche Formen von Gravitationswellen voraussagen –, ist noch ein vierter Detektor nötig. Daher werden Astronomie und Grundlagenphysik gleichermaßen von den Detektoren profitieren. Und damit nicht genug: Die Entwicklung hochpräziser und stabiler Laser sowie von optischen und elektronischen Geräten wird durch die Ingenieurskunst der Detektorbauer ebenfalls vorangetrieben und in vielen anderen Bereichen nützlich sein.

Das zweite Signal – ein Weihnachtsgeschenk

Weihnachten 2015 war kein Fest wie alle Jahre wieder: Diesmal zitterten die Christbäume, die Geschenke darunter wackelten, und selbst die bereits in der Verdauung befindlichen Weihnachtsgänse zuckten ein letztes Mal auf. Das alles war aber so extrem schwach, dass niemand es bemerken konnte – und auch nie erfahren hätte, wenn nicht zwei Lauschposten in den USA davon alarmiert worden wären: In der Nacht des 26. Dezember um 4.38 Uhr Mitteleuropäischer Zeit bebte hier das Weltall. Tatsächlich wurde sogar die ganze Erde eine Sekunde lang ein paar Dutzend Mal gestaucht und gedehnt – genau wie der Raum, in dem sie sich befand. Aber nur um einen winzigen Bruchteil der Größe eines Atomkerns.

Dass ein solches mikroskopisches Oszillieren der Welt überhaupt registriert werden kann, ist der extremen technischen Raffinesse von LIGO zu verdanken.

Nachdem das erste gemessene Signal GW150914 – benannt nach seinem Datum, dem 14. September 2015 – bewiesen hatte, dass Gravitationswellen sich tatsächlich detektieren lassen, war das weihnachtliche Signal GW151226 keine große Sensation mehr. Doch für die LIGO-Forscher hat es eine riesige Bedeutung. Denn es machte das erste Signal GW150914 glaubwürdiger, an dessen Auswertung sie damals noch arbeiteten. Seine Existenz hatten sie zu dieser Zeit noch gar nicht bekannt gegeben, und der Fachartikel dazu war nicht fertig. Der sorgte zusammen mit weltweiten Pressekonferenzen erst am 11. Februar 2016 für Furore.

Das Weihnachtssignal GW151226 wurde am 15. Juni 2016 auf einer Tagung der American Astronomical Society im kalifornischen San Diego in einer Pressekonferenz bekannt gegeben. Die Verkünder der frohen Botschaft: Gabriela González, Physik-Professorin an der Louisiana State University und Sprecherin der über 1000-köpfigen LIGO-Virgo-Kollaboration aus 15 Ländern, David Reitze vom Caltech, der LIGO Executive Director, und Fulvio Ricci von der Universität Rom, Sprecher des Teams des noch im Ausbau befindlichen europäischen Virgo-Gravitationswellendetektors. Zeitgleich erschien der entsprechende, bereits vorab begutachtete Fachartikel in den renommierten *Physical Review Letters*.

GW151226 verhagelte zwar einigen Wissenschaftlern die Weihnachtsferien, aber das himmlische Geschenk war es wert: Es zeigte, dass GW150914 nicht als wissenschaftliche Eintagsfliege herumgeisterte, sondern Gravitationswellen von kosmischen Kollisionen ein echtes Ereignis im Weltall sind und sogar häufig vorkommen müssen.

»Das hat unser Selbstvertrauen erheblich gestärkt«, sagte Karsten Danzmann. Der Direktor am Max-Planck-Institut für

Gravitationsphysik in Hannover ist Leiter des deutschen Gravitationswellendetektors GEO600, an dem viele Techniken von LIGO entwickelt und getestet wurden. Auf dem Atlas-Supercomputer in Hannover läuft auch der Großteil der LIGO-Datenanalyse.

Salvatore Vitale vom Massachusetts Institute of Technology, ebenfalls ein LIGO-Teammitglied, sah es damals ähnlich: »GW150914 hätte ein glücklicher Zufall sein können. Ein zweites Signal zeigt hingegen deutlich, dass es eine große Population Schwarzer Löcher geben muss.«

Damit zerstreute sich der mitunter geäußerte Argwohn – erst unter den beteiligten Forschern, später bei den Physikern und Astronomen generell sowie der interessierten Öffentlichkeit –, dass mit dem ersten Signal etwas nicht stimmen könnte. Manchen erschien es nämlich zu schön, um wahr zu sein: ein Schwingungsmuster wie aus dem Lehrbuch, klar und deutlich, dazu zum symbolträchtigen Zeitpunkt des 100-Jahre-Jubiläums der Relativitätstheorie und überdies erzeugt von Schwarzen Löchern, die massereicher als alle waren, die man bis dahin als Kollapsprodukte von Sternkernen kannte. Zweifel und Selbstkritik ist eine Tugend, Wissenschaft lebt von Bestätigungen und Reproduzierbarkeit, eine Schwalbe macht noch keinen Sommer und ein Ereignis noch keine Regel. All das ist richtig und wichtig – und dank GW151226 kein prinzipielles Problem der Gravitationswellen-Forscher mehr.

»Es war innerhalb von Minuten klar, dass GW151226 sehr wahrscheinlich ein reales Ereignis darstellte. Bis zum Dezember waren wir sicher, dass das erste Ereignis echt war, und wir hatten unsere Publikation dazu größtenteils fertig, die dann im Februar erschien. Aber es war sehr befriedigend zu wissen, dass wir bereits ein zweites Ereignis in Händen hatten«, erinnert sich Peter Shawhan von der University of Maryland.

»Wir haben jetzt viel mehr Vertrauen, dass die Verschmelzungen zweier Schwarzer Löcher häufig im nahen Universum sind«, freut sich auch Chad Hanna von der Penn State University. »Das wird eine phänomenale Quelle neuer Informationen und ein neuer Kanal für Entdeckungen.«

Im Rauschen verborgen

Die Gravitationswellen vom 26. Dezember 2015 wurden zuerst vom LIGO-Detektor in Livingston registriert, 1,1 Millisekunden später dann vom Detektor in Hanford. Doch es dauerte Monate, bis das Signal genau ausgewertet und interpretiert war und sich alle plausiblen Störquellen ausschließen ließen. »Mit einem falschen Alarm von höherer Signifikanz als GW151226 müsste man etwa einmal in 1000 Jahren rechnen«, beschrieb das LIGO-Team die Überzeugungskraft der Messung im ersten Fachartikel. Diese Signifikanz wurde später vor dem Hintergrund des gesamten Datensatzes sogar auf ein falsches Ereignis alle 44.000 Jahre verbessert. Ein Fehlalarm ist für GW151226 also statistisch nahezu ausgeschlossen.

Das Signal dauerte im Empfindlichkeitsbereich von LIGO ungefähr eine Sekunde. Dabei erhöhte sich die Frequenz und Signalstärke (Amplitude) über etwa 55 Zyklen von 35 auf 450 Hertz und erreichte eine relative Längenänderung von $3,4 \cdot 10^{-22}$. GW151226 war damit ein Drittel so stark wie das erste Signal GW150914 und signifikant länger. GW150914 dauerte 0,2 Sekunden und konnte nur über zehn Zyklen verfolgt werden.

Im Gegensatz zum ersten Signal, das sich quasi mit bloßem Auge am Bildschirm erkennen ließ, war GW151226 nur mit den ausgefuchsten Computeralgorithmen von LIGO zu identifizieren. Zwei unabhängige Suchprogramme spürten es dennoch binnen 70 Sekunden zuverlässig auf. Die Algorithmen fahndeten nach Koinzidenz-Ereignissen zwischen den Livingston- und Hanford-Detek-

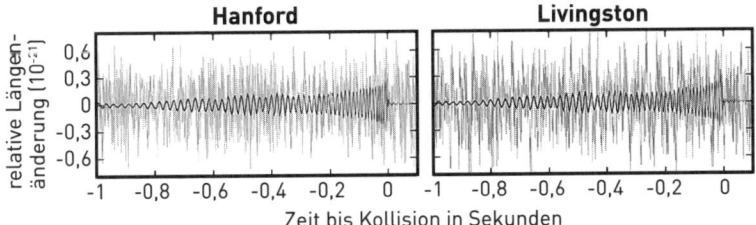

Hanford **Livingston**

relative Längen-änderung [10⁻²¹]

Zeit bis Kollision in Sekunden

Weihnachtliches Ereignis: Das Gravitationswellensignal GW151226 vom 26. Dezember 2015, gemessen von den LIGO-Detektoren in Hanford und Livingston. Die großen grauen Messkurven geben die relativen Längenänderungen (»Strain«) der Laserstrecken an, die schwarzen Simulationskurven zeigen die exzellent damit übereinstimmende Modellrechnung im Rahmen der Allgemeinen Relativitätstheorie.

toren innerhalb 15 Millisekunden langer Zeitfenster; nur ähnliche und fast zeitgleiche »Ausschläge« werden berücksichtigt, alles andere ist Rauschen oder externe Störung.

Die Massen der beiden Schwarzen Löcher, die miteinander kollidierten und GW151226 erzeugten, kann man nur grob abschätzen. Sie betragen ungefähr 14,2 und 7,5 Sonnenmassen. In beiden Fällen handelt es sich nicht um Neutronensterne, denn diese können vier Sonnenmassen nicht übertreffen und haben in der Regel bloß etwa 1,4 Sonnenmassen. Zusammen mit GW150914 ist GW151226 damit der beste Hinweis auf die Existenz Schwarzer Löcher. (Allerdings lassen sich ähnliche, noch exotischere Objekte gegenwärtig nicht ausschließen, für die es aber keine gute theoretische Basis gibt.)

»Es ist von großer Bedeutung, dass die beiden Schwarzen Löcher weniger Masse hatten als die der ersten Entdeckung«, betonte Gabriela González. »Denn aufgrund der geringeren Masse waren die Gravitationswellen länger im sensitiven Bereich der Detektoren. Das ist ein vielversprechender Start, um die Population der Schwarzen Löcher im Universum zu charakterisieren.«

Das finale Schwarze Loch von GW151226, also das Kollisionsprodukt, hat den LIGO-Messungen zufolge eine Masse von 20,8 Sonnenmassen – rund eine Sonnenmasse weniger als die Summe der beiden Einzelmassen. Somit muss ungefähr eine Sonnenmasse in die Energie von Gravitationswellen umgewandelt worden sein – gemäß Einsteins berühmter Formel $E = mc^2$. Zum Vergleich: Unsere Sonne hat bei ihren zentralen Kernfusionsprozessen im Lauf ihrer gesamten bisherigen Lebenszeit von knapp fünf Jahrmilliarden nur ein Millionstel ihrer Masse in Strahlungsenergie umgewandelt. Kollisionen Schwarzer Löcher gehören also zu den energiereichsten Ereignissen überhaupt im All.

Aus den LIGO-Daten lässt sich auch schließen, dass mindestens eines der beiden Schwarzen Löcher rotierte. Sein Eigendrehimpuls oder Spin, ein dimensionsloser Wert, betrug mindestens 0,2. (Der maximale Wert ist 1; dabei würde sich das Schwarze Loch quasi mit Lichtgeschwindigkeit drehen, was aber keine sehr sinnvolle Aussage ist, da die umgebende Raumzeit mitgeschleppt wird und ein unabhängiger Vergleichsmaßstab fehlt.) Das finale Schwarze Loch hat einen Spin von etwa 0,74. Bei seiner Erzeugung bekam es also einen kräftigen Drall verpasst – eine rasante Geburt. Die Entfernung des Ereignisses kann nur grob abgeschätzt werden. Sie betrug ungefähr 1,4 Milliarden Lichtjahre mit einer Unsicherheit von plus/minus 600 Millionen Lichtjahren.

Alessandra Buonanno, Direktorin am Max-Planck-Institut für Gravitationsphysik in Potsdam-Golm, betont, dass das neue Signal die Voraussagen der Allgemeinen Relativitätstheorie wieder glänzend bestätigt hat. »Wir haben dieselbe Analyse wie bei GW150914 gemacht, aber keine besseren Grenzwerte gefunden.« Dass es blinde theoretische Flecken bei der Datenanalyse geben könnte, falls sich die Signale nicht gemäß der Allgemeinen Relativitätstheorie verhalten, schließt sie aus. »Alternative Theorien lassen nicht erwarten, dass ein Signal sich stark von den Voraus-

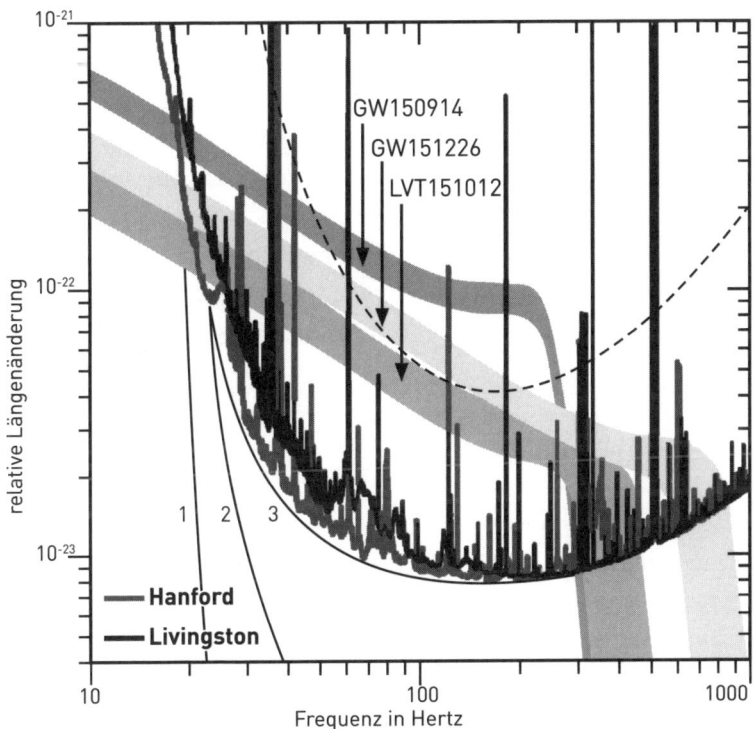

Erhaschte Signale: Die Empfindlichkeit der beiden Advanced LIGO-Gravitationswellendetektoren in Hanford und Livingston bei ihrer ersten wissenschaftlichen Beobachtungsrunde zwischen 20 und 1000 Hertz ist durch U-förmige Kalibrierungskurven dargestellt. Nur Signale, die so stark sind, dass sie oberhalb der Kurven auftreten, können gemessen werden. Die Zacken markieren Bereiche, die durch externe und interne Störungen verrauscht sind (vor allem durch Stromleitungen, Vibrationen der Spiegel-Aufhängungen und bekannte elektromagnetische Störquellen) sowie absichtliche Linien zur Eichung. Angedeutet sind auch Grenzen durch thermisches Rauschen der Spiegel-Aufhängungen (1), seismische Störungen (2) und Quanteneffekte des Laserlichts (3), sogenanntes Schrotrauschen (shot noise), sowie die frühere Empfindlichkeit von LIGO vor dem Upgrade (gestrichelte Kurve). Die drei Bänder zeigen die ersten gemessenen Gravitationswellen von der Kollision Schwarzer Löcher. Das Signal-zu-Rauschen-Verhältnis von GW150914 und GW151226 war signifikant – doch das von LVT151012 zu gering, um als definitive Entdeckung zu gelten.

sagen der Relativitätstheorie unterscheidet – im Hinblick auf das Regime starker Gravitationsfelder, das wir mithilfe der Kollisionen Schwarzer Löcher testen können. Wäre eine andere Gravitationstheorie richtig, würden wir das Signal also nicht verpassen. Außerdem benutzen wir nicht nur die »matched-filter«-Analyse, die nach Übereinstimmungen von LIGOs Messungen mit zuvor theoretisch berechneten Wellenformen sucht. Wir analysieren die Daten zusätzlich modellunabhängig, also auch ohne Filter. Diese Suchstrategie erlaubt es uns, nach Unbekanntem zu fahnden.«

Das dritte Signal

Als sich die Totengeister ausgebrannter Riesensterne immer wilder umkreisten, zuletzt mit über sechs Prozent der Lichtgeschwindigkeit, gab es noch Ozeane auf dem Mars und auf der Erde nur einfache Bakterien und keine Sauerstoff-Atmosphäre. Nun, rund drei Milliarden Jahre später, erreichte die gespenstische Kunde unseren Planeten. Es war lediglich ein zartes Zittern, aber mit der modernsten Technik gerade noch zu erhaschen: Gravitationswellen von der Kollision zweier Schwarzer Löcher in circa drei Milliarden Lichtjahren Distanz.

Am 4. Januar 2017, eine Sekunde vor 11.11 Uhr Mitteleuropäischer Zeit, passierten diese Kräuselungen der Raumzeit den LIGO-Detektor in Hanford – die bislang fernste Kunde aus dem dunklen Universum der Gravitationswellen. Drei Tausendstel Sekunden später liefen sie durch das 3000 Kilometer entfernte Zwillingsobservatorium in Livingston. Das wieder nach seinem Datum benannte Signal GW170104 befand sich nur 920 Millisekunden im Messbereich der Anlagen zwischen 20 und 265 Hertz. 29 Wellenzyklen wurden aufgezeichnet bis zur Verschmelzung der Schwarzen Löcher bei 172 Hertz.

GW170104 ist damit die dritte definitiv gemessene Gravitationswelle nach den beiden vom 14. September und 26. Dezember 2015, die Advanced LIGO im ersten Beobachtungslauf vom September 2015 bis Januar 2016 entdeckt hatte. Seitdem wurde die Empfindlichkeit des Observatoriums noch etwas gesteigert, und am 30. November 2016 nahm es wieder seinen Betrieb auf.

Das dritte Signal bedeutet einen weiteren Triumph für die Allgemeine Relativitätstheorie. Entdeckt wurde GW170104 nicht wie das erste Signal durch einen automatischen Alarm der Computer. Denn just zu dem Zeitpunkt gab es in Hanford ein Software-Problem, an dem die Techniker gerade arbeiteten. Es wurde angezeigt, dass sich der Detektor nicht im regulären Messbetrieb befände, obwohl das der Fall war. Doch in Livingston schlugen die Analysetechniken fast in Echtzeit an.

Alexander Nitz, Postdoc am Max-Planck-Institut für Gravitationsphysik in Hannover, wo 2016 das Filter-Programm weiter optimiert wurde, sah das neue Signal als Erster. Daraufhin kontrollierte er die Hanford-Messungen separat und erkannte, dass der Hanford-Detektor sehr wohl so arbeitete, wie er sollte – und ebenfalls einen Ausschlag registriert hatte. »Wir überprüfen in regelmäßigen Abständen, ob die Instrumente wie gewünscht funktionieren, und halten nach Störquellen Ausschau«, sagt Nitz. An eine Entdeckung wollte er erst glauben, als er das Chirp-Muster auch in den Hanford-Daten sah. Zunächst wurde die Auffälligkeit im kleinen Kreis besprochen. Die LIGO-Forscher insgesamt wurden erst informiert, nachdem Laura Nuttal von der Syracuse University im Bundesstaat New York versicherte, dass die Datenqualität gut war. Sie ist eine Expertin für solche Aspekte von LIGO.

»Ich bin stolz, dass wie beim ersten direkten Nachweis auch dieses neue Signal am Albert-Einstein-Institut in Hannover gefunden wurde«, freut sich Bruce Allen, geschäftsführender Direktor des Instituts und Honorarprofessor an der Universität Hannover. »Weil für GW170104 keine automatische Benachrichtigung erzeugt wurde, ist das für das neue Ereignis noch bedeutsamer als es im September 2015 war.«

Die aufwendigen Auswertungen, die das LIGO-Team am 1. Juni 2017 in den *Physical Review Letters* veröffentlicht hatte, rekonstruierten das kosmische Ereignis. Die Forscher wiesen nach, dass die nahezu gleichen Messungen der beiden LIGO-Detektoren mit an Sicherheit grenzender Wahrscheinlichkeit kein Rauschen gewesen sein konnten – eine derartige Koinzidenz findet zufällig höchstens einmal in 70.000 Jahren kontinuierlicher Messung statt. Gravitationswellen müssen also die winzigen Versetzungen der in LIGOs vier Kilometer langen Vakuumröhren hin- und herflitzenden Laserstrahlen verursacht haben: um lediglich einen Attometer oder 10^{-18} Meter beziehungsweise eine maximale relative Längenänderung (»strain«) von $0,7 \cdot 10^{-21}$ – 0,2 Prozent des Durchmessers eines Protons.

Die Wellen, das zeigt der Kurvenverlauf des Signals, wurden bei der Annäherung, Kollision und Verschmelzung zweier monströser Schwarzer Löcher erzeugt. Ihre Masse betrug ungefähr das 31- und 19-Fache unserer Sonne. Der Schwerkraftkoloss, der bei der Kollision entstand, besitzt rund 49 Sonnenmassen. Bei diesem Crash sind zwei Sonnenmassen – oder $3 \cdot 10^{48}$ Watt – gemäß Einsteins Relativitätstheorie in Energie umgewandelt worden: die Energie der Gravitationswellen, die sich selbst in drei Milliarden Lichtjahren Distanz noch nachweisen ließen (bei einer großen Unsicherheit von mehr als plus/minus einer Milliarde). Ein unvorstellbares Inferno: Diese Energie, die binnen 0,12 Sekunden freigesetzt wurde, entsprach der, die im gleichen Zeitraum alle Sterne im gesamten beobachtbaren Universum als elektromagnetische Strahlung abgaben.

»Wir haben eine weitere Bestätigung der Existenz Schwarzer Löcher mit mehr als 20 Sonnenmassen. Diese Objekte kannten

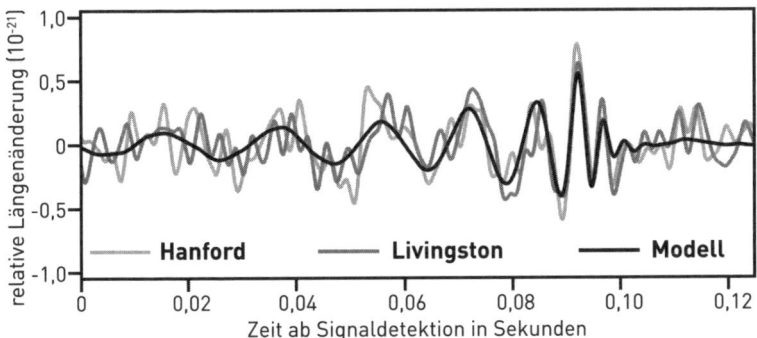

Aller guten Dinge sind drei: Das Gravitationswellensignal GW170104 vom 4. Januar 2017 ist die erste Entdeckung in der zweiten Beobachtungskampagne von Advanced LIGO. Die grauen Kurven stammen von den Detektoren in Hanford und Livingston, die schwarze ist das am besten passende Modell des Ereignisses, beschrieben durch die Allgemeine Relativitätstheorie. Die Livingston-Daten wurden um drei Millisekunden zurückversetzt, um den Zeitunterschied zu Hanford auszugleichen, und invertiert, um die unterschiedliche Orientierung der beiden Detektoren zu berücksichtigen.

wir nicht, bevor sie LIGO detektiert hat«, betont David Shoemaker vom Massachusetts Institute of Technology, der neue Sprecher der Forschungsgemeinschaft, die Bedeutung der Messungen. Auch Direktor David Reitze vom Caltech freut sich: »Mit der dritten Entdeckung von Gravitationswellen hat sich LIGO als mächtiges Observatorium für die Enthüllung der dunklen Seite des Universums etabliert.«

Noch ein Treffer – und erstmals zu dritt

Am 14. August 2017 um 10.30 Uhr Weltzeit erreichten wieder Gravitationswellen die Erde. Automatische Computerprogramme hatten das Signal innerhalb von 30 Sekunden aus dem Datenwust gefiltert. Ursache für GW170814 war erneut der Crash zweier

Schwarzer Löcher. Inzwischen sind die wispernden Nachrichten aus dem fernen Universum fast schon Routine. Auch die Datenauswertung ist eingespielt und geht schneller. Zwischen der neuen Messung und seiner Bekanntgabe am 27. September auf einer Pressekonferenz in Turin sowie der zeitgleichen Publikation in *Physical Review Letters* waren lediglich sechs Wochen verstrichen. Ein Zufallsereignis ist nahezu ausgeschlossen: Je nach angewandter Statistik käme es einmal in 27.000 Jahren vor – oder noch seltener.

Das Signal stammt aus rund 1,8 Milliarden Lichtjahren Distanz und vom zweitschwersten bekannten Paar Schwarzer Löcher überhaupt (nach dem allerersten Signal GW150914). Sie hatten etwa 30 und 25 Sonnenmassen, das finale Schwarze Loch besitzt 53 Sonnenmassen. Es würde in eine Kugel mit 300 Kilometer Durchmesser oder weniger passen.

Das Zittern der Raumzeit hatte sein Maximum bei 150 bis 200 Hertz und dauerte knapp 0,3 Sekunden (einschließlich vier Millisekunden Abklingzeit des finalen Schwarzen Lochs bei 300 bis 350 Hertz). Das Signal erreichte zuerst LIGO-Livingston, acht Millisekunden danach LIGO-Hanford und weitere sechs Millisekunden später Virgo. Es war ein Geschenk der Natur zum Einstand! Denn der Detektor in Italien war erst am 1. August um 10 Uhr Weltzeit richtig in Betrieb genommen worden, um den letzten Monat von Advanced LIGOs zweiter Beobachtungsphase O2 zu unterstützen.

»Es ist wunderbar, das erste Signal von Gravitationswellen in unserem neuen Detektor Advanced Virgo zu sehen – nur zwei Wochen, nachdem er offiziell in Betrieb ging. Das ist eine große Belohnung nach der vielen Arbeit in den letzten sechs Jahren«, freut sich Jo van den Brand von der Universität Amsterdam, der Sprecher der Virgo-Forschungsgemeinschaft. David Shoemaker ist ebenfalls begeistert. »Im nächsten Beobachtungslauf können

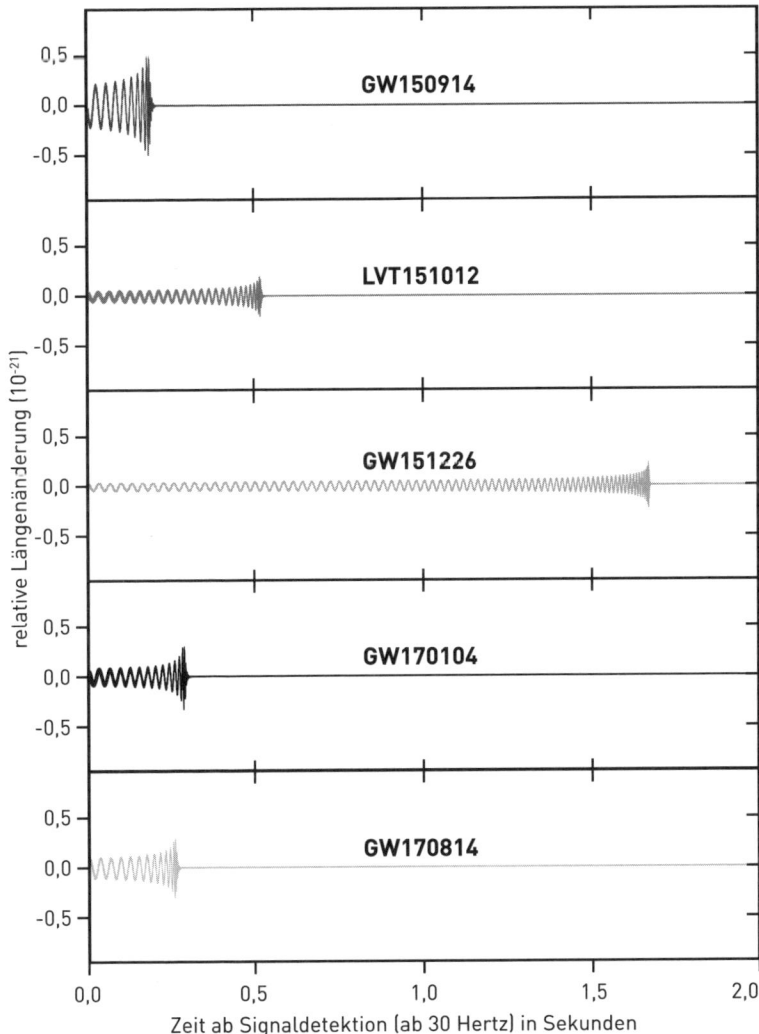

Schwingungen der Raumzeit: Die Entwicklung der gemessenen Gravitationswellensignale kollidierender Schwarzer Löcher, nachdem der Schwellenwert von 30 Hertz der LIGO-Detektoren überstiegen war. Die Kurven sind Modellrechnungen. Zwei Zyklen entsprechen einem Umlauf der Schwarzen Löcher umeinander.

wir solche Signale vielleicht wöchentlich entdecken«, hofft der LIGO-Sprecher.

Obwohl Virgo mit seiner Laserstrecke von jeweils drei Kilometer nicht so empfindlich ist wie LIGO, konnte GW170814 auch in den Virgo-Daten aus dem Rauschen herausgefiltert werden. (Das Signal-zu-Rauschen Verhältnis betrug bei LIGO-Livingston 13,7, bei dem mit zuviel Laser-Streulicht in den Röhren kämpfenden LIGO-Hanford 7,3 und bei Virgo 4,4.) Somit haben erstmals drei Detektoren simultan Gravitationswellen gemessen.

Am 25. August 2017 ging der Beobachtungslauf O2 von LIGO planmäßig zu Ende. Seither wird wieder an der Verbesserung des Detektors gearbeitet, während Virgo zu Testzwecken noch eine Weile weiterlief. In O2 hat LIGO-Hanford insgesamt 158 Tage lang gemessen, LIGO-Livingston 155 Tage, und die gemeinsame Zeit betrug 119 Tage. O3 beginnt Ende 2018.

Die Quellen der Wellen – alle Daten auf einen Blick: Der Detektor Advanced LIGO hat in seinem ersten Beobachtungslauf Gravitationswellensignale (GW) von zwei kollidierenden Schwarzen Löchern gemessen. Außerdem gibt es einen weiteren Kandidaten (LVT: LIGO-Virgo-Trigger), dessen Signal so verrauscht war, dass seine Signifikanz zu gering war für eine definitive Entdeckung nach den strengen Konventionen der Physiker. Weitere Kandidaten wurden im zweiten Lauf gefunden, von denen sich einer ebenfalls als Kollision zweier Schwarzer Löcher herausgestellt hat. Die statistische Signifikanz lässt sich in eine Fehlalarmrate umrechnen; sie gibt an, in wie vielen Jahren ununterbrochener Messzeit ein »Signal« durch Zufall entstehen und somit lediglich vorgetäuscht würde. Die Tabelle listet die gemessenen Parameter auf – in Klammern ihre teils beträchtlichen statistischen und systematischen Unsicherheiten (90 Prozent Konfidenz). Alle Massen sind im Bezugssystem der Quelle angegeben. Um sie ins Bezugssystem des Detektors umzurechnen, müssen sie mit $(1 + z)$ multipliziert werden. Dabei ist z die Rotverschiebung der Quelle. Die Entfernungsangaben basieren auf dem kosmologischen Standardmodell (mit einer normierten Materie- und Dunklen Energiedichte von 0,31 beziehungsweise 0,69 sowie einer Hubble-Konstante von 67,9 Kilometer pro Sekunde und Megaparsec).

Eigenschaften	GW150914	LVT151012	GW151226	GW170104	GW170814
Datum / **Weltzeit**	14. September 2015 09:50:45 Uhr	12. Oktober 2015 09:54:53 Uhr	26. Dezember 2015 03:38:53 Uhr	4. Januar 2017 10:11:59 Uhr	14. August 2017 10:30:43 Uhr
Signal-zu-Rauschen-Verhältnis	23,7	9,7	13,0	13,0	18,3
Fehlalarmrate in Jahren	600.000	2,3	44.000	>70.000	>27.000
Zeitabstand in Millisekunden zwischen LIGO Livingston und Hanford	7,0 (+0,2/-0,2)	-0,6 (+0,6/-0,6)	1,1 (+0,3/-0,3)	-3,0 (+0,4/-0,5)	8 14 (Virgo)
Dauer des Signals in Sekunden	0,2	0,5	1	0,9	0,3
Zahl der gemessenen Zyklen	10	25	55	29	15
Masse in Sonnenmassen:					
primäres Schwarzes Loch	36,2 (+5,2/-3,8)	23 (+18/-6)	14,2 (+8,3/-3,7)	31,2 (+8,4/-6,0)	30,5 (+5,7/-3,0)
sekundäres Schwarzes Loch	29,1 (+3,7/-4,4)	13 (+4/-5)	7,5 (+2,3/-2,3)	19,4 (+5,3/-5,9)	25,3 (+2,8/-4,2)
Chirp-Masse	28,1 (+1,8/-1,5)	15,1 (+1,4/-1,1)	8,9 (+0,3/-0,3)	21,1 (+2,4/-2,7)	24,1 (+1,4/-1,1)
finales Schwarzes Loch	62,3 (+3,7/-3,1)	35 (+14/-4)	20,8 (+6,1/-1,7)	48,7 (+5,7/-4,6)	53,2 (+3,2/-2,5)
abgestrahlte Energie	3,0 (+0,5/-0,5)	1,5 (+0,3/-0,4)	0,99 (+0,11/-0,17)	2,0 (+0,6/-0,7)	2,7 (+0,6/-0,3)
Maximalleuchtkraft in Watt (zum Vergleich: Sonne = $3,8 \cdot 10^{26}$)	$3,6 \ (+0,5/-0,4) \cdot 10^{49}$	$3,1 \ (+0,8/-1,8) \cdot 10^{49}$	$3,3 \ (+0,8/-1,6) \cdot 10^{49}$	$3,1 \ (+0,7/-1,3) \cdot 10^{49}$	$3,7 \ (+0,5/-0,5) \cdot 10^{49}$
effektiver Spin (0 = beide Spins orientiert wie Orbit-Drehimpuls)	-0,06 (+0,14/-0,14)	0,0 (+0,3/-0,2)	0,21 (+0,20/-0,10)	-0,12 (+0,21/-0,30)	0,06 (+0,12/-0,12)
finaler Spin (1 = Maximum)	0,68 (+0,05/-0,06)	0,66 (+0,09/-0,10)	0,74 (+0,06/-0,06)	0,64 (+0,09/-0,20)	0,70 (+0,07/-0,05)
Lokalisation in Quadratgrad	230	1600	850	1200	60 (1160 ohne Virgo)
Entfernung in Millionen Lichtjahren	1370 (+490/-590)	3330 (+1630/-1600)	1430 (+590/-620)	2870 (+1470/-1270)	1760 (+ 420/-690)
Rotverschiebung (z) der Quelle	0,090 (+0,029/-0,036)	0,201 (+0,086/-0,091)	0,094 (+0,035/-0,039)	0,176 (+0,078/-0,074)	0,11 (+0,03/-0,04)

Suche nach himmlischen Gegenstücken

»Bereit sein ist viel, warten können ist mehr, doch erst: Den rechten Augenblick nützen ist alles«, verdeutlichte der Schriftsteller Arthur Schnitzler den altgriechischen Begriff des Kairós, des glücklichen Augenblicks. Bei dem man zum richtigen Zeitpunkt am richtigen Ort ist. Und die Gelegenheit am Schopfe packt, wie das Sprichwort sagt (»Am Stirnhaar lasst den Augenblick uns fassen«, heißt es bei William Shakespeare). Was auf die von Lysippos aus Olympia geschaffene Bronzeplastik aus dem vierten Jahrhundert vor unserer Zeitrechnung zurückgeht, die Kairós als Jüngling darstellt, der vorne am Kopf eine dicke Haarsträhne hat, hinten aber kahl und nicht mehr zu packen ist. »Wenn ich mit fliegendem Fuß erst einmal vorbeigeglitten bin, wird mich auch keiner von hinten erwischen, so sehr er sich auch bemüht«, drückte es ein Jahrhundert später Poseidippos von Pella in einem Epigramm aus. Die Kunst, den rechten Augenblick zu nützen, ist eine große Herausforderung für alle Menschen. Auch für die Astronomen, wenn die Gestirne günstig stehen – beziehungsweise aufeinander prallen und raumzeitliche Oszillationen (nicht nur) zur Erde senden. Denn aus solchen himmlischen Botschaften wird man viel lernen können.

Tatsächlich lässt sich beim Nachweis eines Gravitationswellensignals aus der Zeitverzögerung zwischen den Detektoren die Position der Quelle am Himmel errechnen – bei zwei Detektoren allerdings nur sehr ungenau. Doch es kommt auf einen Versuch an, vielleicht ist Kairós ja wohlgesonnen ... Dann könnten die Astronomen den Ursprungsort der Gravitationswellen herausfinden und sehr viel mehr über ihren Auslöser herausfinden.

Um ein optisches Gegenstück zu GW150914 aufzuspüren, hat das LIGO-Team gleich nach der Entdeckung verschiedene Astronomen alarmiert, damit sie in der mutmaßlichen Quellregion am Himmel nach verdächtigen Erscheinungen Ausschau halten konnten. Leider ist diese Fläche riesig – so groß wie 2000 Vollmonde. Von 63 informierten Instituten beteiligten sich immerhin 25 an Nachfolgeforschungen.

Zwei Tage nach GW150914 hat der Swift-Satellit in der gesamten möglichen Himmelsregion des Ereignisses nach Auffälligkeiten im Röntgen-, Ultraviolett- und sichtbaren Bereich der elektromagnetischen Strahlung gesucht. Alle bekannten Röntgenquellen zeigten keinen Ausbruch, berichtete das Swift-Team um Phil A. Evans von der University of Leicester in England. Auch sonst ergab die flüchtige Himmelsdurchmusterung keine Hinweise auf ein elektromagnetisches Gegenstück zu GW150914. Die Gammastrahlen-Satellitenteleskope Fermi (genauer: dessen Large Area Telescope für Energien von 20 Megaelektronenvolt bis 300 Gigaelektronenvolt), AGILE und INTEGRAL hatten ebenfalls nichts Außergewöhnliches beobachtet. Nur das GBM-Instrument (GLAST Burst Monitor) im Fermi-Satellit maß 0,4 Sekunden nach GW150914 aus der passenden Richtung einen eine Sekunde dauernden Gammablitz im Bereich von 0,1 bis 1 Megaelektronenvolt mit etwa 10^{42} Watt – ein Zehntel dessen, was typischerweise kurze Gammablitze bei der Kollision von Neutronensternen an Energie freisetzen. Zwar schätzen die Forscher die Wahrscheinlichkeit einer zufälligen Koinzidenz auf weniger als ein Prozent, doch haben sie gezielt nach einem Signal im Datendschungel geschaut und alle anderen Gammastrahlendetektoren registrierten nichts. (GBM hat seit 2008 über 5000 Gammablitze unterschiedlicher Ursachen gemessen.) Ein kausaler Zusammenhang scheint daher unplausibel, zumal dann unrealistisch starke Magnetfelder um 10^8 Tesla wie bei jungen Neutronensternen am Werk hätten sein müssen, hat Maxim Lyutikov von der Purdue University in West Lafayette, Indiana, ausgerechnet. »Fermis GBM-Signal steht wahrscheinlich in keinem Zusammenhang mit GW150914«, lautet seine Schlussfolgerung. Wäre jedoch beispielsweise ein großer Planetoid bei dem kosmischen Crash mit verheizt worden, hätte dieser Energieumsatz für das GBM-Signal vielleicht schon genügt.

Auch irdische Teleskope wie das VISTA-Infrarotteleskop in Chile waren nicht erfolgreich. Das Spiegelteleskop Pan-STARRS (Panoramic Survey Telescope and Rapid Response System) auf dem Gipfel von Haleakala der Hawaii-Insel Maui fand bei einer raschen Himmelsdurchmusterung auch nichts. Dabei hat das 1,8-Meter-Teleskop in den sechs Wochen nach GW150914 über 50 Supernovae entdeckt. Es konnte freilich nur den nördlichen Teil der verdächtigen Himmelsregion einsehen. Für die Dark Energy Camera am Blanco-4-Meter-Teleskop in Chile ging bei einer dreiwöchigen Suche in großen Bereichen des Zielgebiets ebenfalls kein Licht auf, wie Teamleiter Edo Berger vom Harvard-Smithsonian Center for Astrophysics mitteilte. Sogar das 10-Meter-Keck-Teleskop auf Hawaii wurde eingesetzt, um einige Dutzend Kandidaten genauer zu inspizieren – ohne Ergebnis. Und im Radiobereich fand das Very Large Array in New Mexico einen Monat und vier Monate später ebenfalls nichts. Auch kosmische Neutrinos, die vielleicht bei der Kollision der Schwarzen Löcher freigesetzt worden sind (aus energiereichen Teilchenkollisionen im Plasma in ihrer Umgebung), wurden mit den Neutrinoteleskopen IceCube am Südpol und ANTARES (Astronomy with a Neutrino Telescope and Abyss environmental RESearch) im Mittelmeer nicht zur fraglichen Zeit aus der passenden Richtung registriert.

Weil bei der Verschmelzung von Schwarzen Löchern keine elektromagnetische Strahlung freigesetzt wird, wenn es nicht zu extremen Sekundäreffekten in der Umgebung etwa durch Gaseinfall kommt, verwundern die negativen Befunde nicht. Außerdem könnte die Entfernung von GW150914 jenseits der Reichweite der Teleskope liegen. Jedenfalls hat sich gezeigt, dass die verschiedenen Astronomen-Gruppen schnell auf einen Gravitationswellen-Alarm reagieren und innerhalb kurzer Zeit die infrage kommende Himmelsregion zuverlässig durchsuchen können. (Schon 2009 und 2010 wurden solche Beobachtungskampagnen bei verdächtigen LIGO/Virgo-Messungen gestartet, mit optischen und Radioteleskopen sowie mit dem Satelliten Swift, teils binnen einer halben Stunde.) Das wird bei künftigen Signalen wichtig werden – besonders dann, wenn mindestens eines der kollidierenden Objekte ein Neutronenstern ist. Dabei sollten nämlich Gammastrahlen-Ausbrüche entstehen, die aufgrund ihres Energieausstoßes über große Distanzen beobachtet werden können. (Ob die kurzen Gammablitze, von denen zurzeit etwa 40 pro Jahr gemessen werden, wirklich von kollidierenden Neutronenstern-Doppelsystemen stammen, ist aber noch nicht zweifelsfrei belegt; sie werden auch Kilonovae genannt, weil sie im optischen und Radiobereich schwächer aufleuchten als Supernovae.) Wenn solche Auslöser von Gravitationswellen nicht weiter als etwa 150 Millionen Lichtjahre entfernt sind, sollten ihre elektromagnetischen Gegenstücke gut auffindbar sein. Nach dem Vorbild des bereits bestehenden Gamma-ray Coordinates Network werden geeignete Observatorien auch künftig nach einer kurzen LIGO-Gruppenbesprechung zeitnah alarmiert. Sobald noch einige Gravitationswellen-Kandidaten gefunden und veröffentlicht wurden, sollen vielversprechende Signale für jedermann sofort publik gemacht werden.

LIGO verfügt über eine sekundenschnelle automatische Datenauswertung und kann via Computer über den Rapid Response Trigger sofort reagieren und die Wissenschaftler alarmieren. Und innerhalb einer Viertelstunde wird bereits eine grobe Himmelskarte vom Herkunftsbereich des möglichen Signals erstellt. »Auch wenn die erste Jagd nach Licht von einer Gravitationswellen-Quelle nicht erfolgreich war – es ist doch eine neue Zeit für die Physik und Astronomie angebrochen«, sagt Nial Tanvir von der University of Leicester im Hinblick auf GW150914. »Bald werden wir die gewaltigsten kosmischen Kollisionen sowohl anhand ihrer gravitativen als auch ihrer elektromagnetischen Strahlung studieren können.«

Auch beim zweiten Signal, GW151226, konnte innerhalb von drei Minuten eine 1400 Quadratgrad große Himmelsregion identifiziert werden, die sich später auf 850 Quadratgrad eingrenzen ließ. Daraufhin wurden zahlreiche Observatorien und Weltraumteleskope alarmiert, die nach elektromagnetischen Pendants Ausschau hielten. Die Hoffnung war, dass die Kollision der Schwarzen Löcher auch Strahlung im Röntgen- oder Gammabereich freigesetzt hatte – beispielsweise, weil Materie in der direkten Nachbarschaft verglühte. Doch kein Teleskop hat etwas Interessantes entdeckt.

Auch beim dritten Signal, GW170104, hatte das LIGO-Team nach der ersten Sichtung und Bewertung wieder Dutzende kooperierender Astronomen-Gruppen alarmiert, damit diese nach Gegenstücken suchen konnten. Am 17. Januar 2017 wurde ein 1600 Quadratgrad großes Gebiet mitgeteilt, das später noch um 400 Quadratgrad erweitert wurde. Das ist ein riesiges Areal, das sich nicht genau und schnell nach Auffälligkeiten absuchen lässt. Trotzdem machten sich 34 Astronomen-Teams an die Arbeit und durchforsteten ihre Daten beziehungsweise richteten ihre Teleskope eigens auf die Zielregion. Alles vergeblich.

Die beiden Instrumente an Bord der Fermi-Satelliten fanden keine Gammastrahlung bei 0,08 bis 40 Megaelektronenvolt beziehungsweise 0,1 bis ein Gigaelektronenvolt. Daraus lässt sich schließen, dass eine etwaige Gammaquelle weniger als 10^{-28} Watt pro Quadratzentimeter abstrahlte. Immerhin konnten dabei die Analyseverfahren für künftige Messungen verbessert werden. Auch die Satelliten AGILE, AstroSat und INTEGRAL fanden nichts im harten Röntgen- und Gammabereich. Optische und Radioteleskope gingen ebenfalls leer aus, ebenso die Neutrino-Detektoren. Nur ATLAS auf Hawaii (Asteroid Terrestrial-impact Last Alert System) – zwei 50-Zentimeter-Teleskope mit einem weitem Gesichtsfeld – entdeckte 23 Stunden nach GW170104 eine Lichtquelle mit rasch abnehmender Leuchtkraft. Das sorgte kurz für Aufregung, erwies sich aber als zufällige räumliche Koinzidenz mit dem Nachglühen eines langen Gammablitzes (GRB 170105A), der 19 Stunden nach GW170104 auftauchte und von mehreren Satelliten beobachtet worden war.

GW170814 hat ein neues Kapitel in der noch jungen Astronomie der Gravitationswellen eröffnet, weil es nicht nur LIGO, sondern auch Virgo erhascht hat – und anhand der Zeitdifferenzen zwischen den Messungen in den drei Anlagen ließ sich der Ursprungsort von GW170814 viel besser lokalisieren als bei allen früheren Signalen. Er befindet sich am Südhimmel in den Sternbildern Eridanus oder Horologium (Pendeluhr). Aus den LIGO-Messungen wurde ein 1160 Quadratgrad großes Gebiet identifiziert – zusammen mit den Virgo-Daten schrumpfte es auf 60 Quadratgrad. Das ist immer noch groß, aber ein beträchtlicher Fortschritt. Auch die Entfernungsmessung wurde genauer. Verglichen mit den LIGO-Daten allein hat sich die Himmelsfläche um mehr als das Zehnfache reduziert und das Volumen um über einen Faktor 20. Schon diese Zahlen zeigen: Nun werden präzisere Ortsbestimmungen der Quellen möglich, die bald auch zu deren Entdeckung im Radio- bis Gammastrahlenbereich führen könnten.

Das LIGO/Virgo-Team hat in bewährter Weise schnellstmöglich kooperierende Astronomen alarmiert. Sie spähten mit 25 Observatorien nach einem elektromagnetischen Gegenstück von GW170814 im Radio- bis Gammastrahlenbereich. Gefunden haben sie leider nichts, auch nicht mit Neutrino-Detektoren.

Dass von bislang allen klar identifizierten Gravitationswellen kein elektromagnetisches Gegenstück nachgewiesen werden konnte, erscheint nicht verwunderlich. Zum einen ist die Positionsbestimmung durch die beiden LIGO-Detektoren zu ungenau, zum anderen sollte sich kaum Materie in der Nähe zweier irrsinnig schnell umeinander tanzender Schwarzer Löcher halten, die bei der Kollision aufglühen könnte. Es ist sehr unwahrscheinlich, dass beispielsweise eine Akkretionsscheibe aus Gas und Staub – die Trümmer einer Supernova oder eines zerrissenen Sterns – bei mindestens einer der Schwerkraftfallen so lange überleben konnte.

Rosalba Perna von der Stony Brook University in New York und zwei Kollegen haben jedoch 2016 vermutet, dass solche Akkretionsscheiben um Schwarze Löcher prinzipiell bis wenige Sekunden vor deren Kollision bestehen bleiben könnten. Somit wäre ein feuriger Röntgen- und Gammablitz des erhitzten Materials vor der finalen Karambolage möglich.

Allerdings beruhte diese Abschätzung auf starken Vereinfachungen, wie Astrophysiker um Shigeo S. Kimura von der Tohoku-Universität im japanischen Sendai 2017 nachgewiesen haben. Ihr wesentlich genaueres und realistischeres Modell berücksichtigte die Veränderungen des Drehmoments und der Materiebewegung in einer solchen Akkretionsscheibe als Folge der Gezeitenkräfte durch das benachbarte Schwarze Loch. Dabei zeigte sich, dass die Masse der Scheibe vor der Kollision um circa den Faktor 100 Millionen abnimmt – viel mehr als Rosalba Perna schätzte. Daher wäre selbst bei anfangs 100 Millionen Sonnenmassen nur ein 10.000stel dessen übrig geblieben, was nötig wäre, um den mit dem ersten Signal GW150914 korrelierten schwachen Gammablitz zu erklären, den Fermi-GBM gemessen hat. Auch wenn es da einen ursächlichen Zusammenhang gab, könne er also nicht auf eine in Strahlung verwandelte Akkretionsscheibe zurückzuführen sein, so die Hypothese von Kimuras Team.

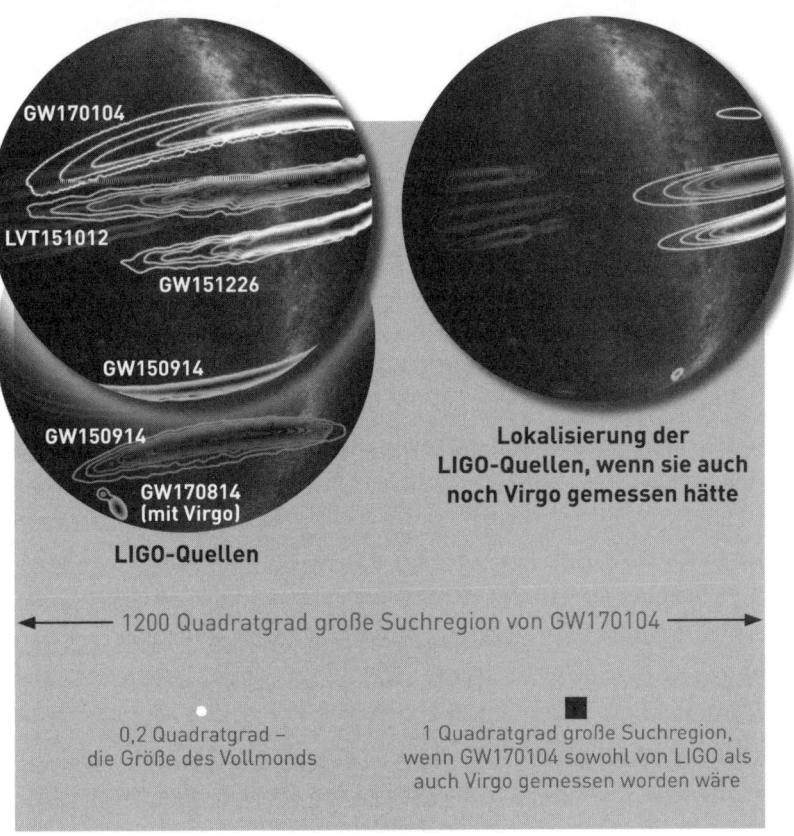

GW170104

LVT151012

GW151226

GW150914

GW150914

GW170814
(mit Virgo)

LIGO-Quellen

Lokalisierung der LIGO-Quellen, wenn sie auch noch Virgo gemessen hätte

◄──── 1200 Quadratgrad große Suchregion von GW170104 ────►

0,2 Quadratgrad –
die Größe des Vollmonds

1 Quadratgrad große Suchregion,
wenn GW170104 sowohl von LIGO als
auch Virgo gemessen worden wäre

Wo waren sie denn? Mit den beiden Detektoren Advanced LIGO konnten die drei (oder vier) zuerst gemessenen Gravitationswellen von kollidierenden Schwarzen Löchern nur sehr ungenau lokalisiert werden (oben links). Das wird sich ändern, wenn zugleich auch Advanced Virgo aktiv ist, denn dann kann dreifach gepeilt werden. Den Effekt zeigt eine Simulation (oben rechts): Die potenziellen Himmelsregionen schrumpfen jeweils deutlich (hier auf eine fotografische »Himmelskugel« mit der Milchstraße projiziert). Die Konturlinien geben den Bereich an, aus dem die Signale mit 90 (außen) bis zehn Prozent Wahrscheinlichkeit stammen. Die beiden Quadrate veranschaulichen die Verhältnisse: Das große graue Quadrat symbolisiert die Fläche der groben LIGO-Lokalisierung von GW170104 von etwa drei Prozent des Himmels (dessen Gesamtfläche rund 41.000 Quadratgrad beträgt). Das kleine dunkle Quadrat unten rechts verdeutlicht die potenzielle Verbesserung der Messungen mithilfe von Virgo, der Kreis links daneben entspricht dem Durchmesser des Vollmonds im gleichen Maßstab. Tatsächlich ließ sich der Ort des Signals GW170814 dank des im August 2017 zugeschalteten Virgo-Detektors auf 60 Quadratgrad eingrenzen (oben links).

Die Japaner berechneten auch, dass eine solche wohl lange inaktive (weil von der leer gefressenen Umgebung nicht mehr »gefütterte«), immer noch 3000 Grad heiße Scheibe gleichsam wiederbelebt wird, weil in ihr bei der Annäherung der Schwarzen Löcher Materie nach innen strömt. Dann entstehen starke Magnetfelder und erschaffen einen Jet (Teilchenstrom), der weit ins All hinausschießt. Das geschieht bereits lange vor der Kollision der Schwarzen Löcher. Die Details hängen unter anderem von der Anfangsmasse und -größe der Scheibe sowie dem Abstand der Schwarzen Löcher und ihrer Masse ab. (Die Zeit t, in der sich die Löcher spiralförmig nähern, beträgt bis zum Crash etwa $t = 5c^5/512G^3 \cdot r_0^4/m^3 = 3{,}8 \cdot 10^5 \, r_0^4 (m/30 \, M_\odot)^{-3}$, die Masse der Scheibe m_s nimmt proportional ab zu $m_s = m_{so}(t/t_0)^{-3/2}$; dabei bezeichnet c die Lichtgeschwindigkeit, G die Gravitationskonstante, r_0 den angenommenen Anfangsabstand der Schwarzen Löcher, m ihre Gesamtmasse, $M_\odot$ die Masse der Sonne und m_{so} die Anfangsmasse der Scheibe zur Anfangszeit t_0.)

Für ein Paar Schwarzer Löcher mit jeweils etwa 30 Sonnenmassen im Abstand von zehn Millionen Kilometer entsteht der Jet demnach über 1.000 Jahre vor der Kollision. Er wäre allerdings von der Erde aus nur in der kosmischen Nachbarschaft sichtbar, bis vielleicht 30 Millionen Lichtjahre Entfernung. (Für 0,1 bis 10 Milliarden Kilometer voneinander entfernte Schwarze Löcher mit 1000 bis 100.000 Sonnenmassen wären Jets noch aus 0,3 bis 3 Milliarden Lichtjahren Abstand sichtbar.)

Bessere Chancen für die Entdeckung elektromagnetischer Pendants bieten kosmische Kollisionen, bei denen mindestens ein Neutronenstern beteiligt ist. Deren Gravitationswellen sind schwächer und auch schwieriger zu modellieren, doch von LIGO nachweisbar, wenn ihre Entfernung nicht zu groß ist. Prallen zwei Neutronensterne zusammen, bildet sich entweder ein sehr massereicher Neutronenstern oder ein Schwarzes Loch. Im Tohuwabohu

Auf Kollisionskurs: Schwarze Löcher oder Neutronensterne könnten beim Crash einen Gammablitz erzeugen, falls ihre – vielleicht sogar in Akkretionsscheiben mitgeführte – Materie lang genug überlebt.

der Trümmermassen sollte sich ein solcher Crash nach den gängigen Modellen auch als kurzer – weniger als zwei Sekunden dauernder – Gammablitz bemerkbar machen. Zu dieser Klasse gehören gut ein Drittel der fast täglich irgendwo am Himmel nachweisbaren Gammastrahlen-Ausbrüche, die aus Milliarden Lichtjahre fernen Galaxien stammen. (Die häufigeren langen Gammablitze, die über zwei Sekunden leuchten, werden wahrscheinlich von Hypernovae in ähnlichen Distanzen erzeugt: brachialen Sternexplosionen mit entlang der Magnetfeldachse herausschießenden Jets.)

Was genau geschieht, wenn ein Neutronenstern und ein Schwarzes Loch kollidieren, lässt sich im Detail schwer voraussagen. Ungemütlich ist es auf jeden Fall. Und eine große Herausforderung für Theoretiker und ihre Computermodelle. »Wir reichern die Simulationen stetig mit mehr realistischer Physik an«, sagt Francois Foucart vom Lawrence Berkeley National Laboratory in Kalifornien. »Aber wir wissen immer noch nicht, was im Inneren der Neutronensterne vor sich geht.«

Es müssen sehr exotische Materiezustände sein, die in den rund zehn Milliarden Tonnen schweren, aber nur etwa 20 Kilometer großen Sternruinen existieren und nirgendwo sonst im Universum realisiert sind. Die Dichte eines Neutronensterns beträgt rund 10^{14} Gramm pro Kubikzentimeter – 100 Billionen Mal so viel wie Wasser. In diesen kompaktesten aller Gestirne herrschen Bedingungen, die im Labor nicht nachgeahmt werden können. Vielleicht gibt es ihn ihnen sogar eine »nukleare Pasta« aus ganzen Ketten von Atomkernen. So lange nicht wenigstens die Zustandsgleichung der Neutronenstern-Materie bekannt ist, quasi eine Durchschnittseigenschaft und -kennzahl der inneren Werte, sind die theoretischen Abschätzungen mit großer Vorsicht zu genießen. Die Messung von Gravitationswellen könnte hier buchstäblich tiefe Einsichten liefern.

In manchen Computersimulationen verschluckt das Schwarze Loch den Neutronenstern vollständig, in anderen entkommt jedoch ein Teil seiner Materie – bis zu einem Zehntel Sonnenmasse mit maximal einem Drittel der Lichtgeschwindigkeit. Zwar kann sich auch diesen Rechnungen zufolge die finstere Falle den Großteil der Masse innerhalb von nur einer Tausendstel Sekunde einverleiben. Doch entsteht in einer Entfernung von höchstens 100 Kilometer binnen einer Hundertstel Sekunde ein dünner Trümmerring extremer Dichte, der sich in den nächsten Sekunden ausdehnt und Materie davonschleudert. »Zahlreiche physikalische Prozesse – von Magnetfeldern über Teilchen-Wechselwirkungen zu Kernreaktionen – interagieren hier auf komplexe Weise und treiben die Entwicklung der Scheibe an«, sagt Rodrigo Fernández von der University of Alberta in Edmonton, Kanada. Diese brachialen Vorgänge lassen sich nur in Supercomputern simulieren, und auch das bloß ansatzweise.

Wenn Materie von dem stellaren Fiasko übrig bleibt, strahlt die radioaktive Trümmerwolke so stark, dass sie noch aus über 100 Millionen Lichtjahre Entfernung tage- oder wochenlang sichtbar bleibt. Unter Astronomen hat sich dafür neuerdings der Name Kilonova eingebürgert (im Vergleich zu den schwächeren Novae und den viel helleren Super- und Hypernovae).

Das Wispern der Milchstraße

Neben den heftigen Zuckungen der Raumzeit kann auch ihr beständiges feines Zittern viel über Neutronensterne verraten – und nicht bloß über diese. Tatsächlich suchen die Gravitationswellendetektoren nicht nur nach den Erschütterungen brachialer kosmischer Karambolagen, sondern ebenso nach dem beharrlichen Wispern der Gestirne.

Ling Sun, eine Doktorandin an der University of Melbourne, gehört zu den LIGO-Forschern, die speziell nach kontinuierlichen Gravitationswellen aus der Milchstraße lauschen, besonders von den Pulsaren. »Wenn wir einmal die Songs der Neutronensterne hören, werden wir wissen, wie sich die Supraflüssigkeit aus Neutronen in ihnen verhält und wie sich die unglaublich starken Magnetfelder verdrillen und kurzschließen.«

Bei der Fahndung nach kontinuierlichen Signalen werden drei Strategien praktiziert: eine gezielte Suche nach bekannten möglichen Quellen bei definierten Frequenzen; eine gezielte Suche nach bekannten oder mutmaßlichen Objekten mit unbekannten Frequenzen; und Durchmusterungen des Himmels ohne vorab ausgewählte Parameter. Solche Signale sind wohl 100- bis 1000-mal schwächer als die Gravitationswellen von kollidierenden Schwarzen Löchern, doch dauern sie sehr viel länger, sodass man monate-, ja jahrelange Messungen addieren kann. Das erfordert einen riesigen Rechenaufwand, scharfsinnige Modelle und Analysemethoden sowie zuverlässige Unterscheidungsverfahren zwischen dem unumgänglichen statistischen Rauschen und einem echten Signal einer identifizierbaren Quelle. Am Wichtigsten aber sind gute und möglichst empfindliche Messdaten, denn darauf baut alles Weitere auf.

Für diese Großfahndung himmlischen Ausmaßes und irdischer Akribie braucht man also einen langen Atem. »Bislang war alles Rauschen. Und immer, wenn wir ein Teil des Rauschens ausgeschlossen hatten, fanden wir wieder einen Kandidaten, der nach einem Signal aussah. Doch es war immer Rauschen«, schildert Sinéad Walsh vom Max-Planck-Institut für Gravitationsphysik in Hannover die Kaskade von Enttäuschungen. Was wie eine schier endlose Serie von Misserfolgen aussieht, ist allerdings ein Lernprozess, der die gezielte Exploration stetig verbessert.

»Als ich mich dem Gebiet anschloss, erwartete ich keine Entdeckung während meines Lebens. Dass irgendjemand irgendwann etwas finden würde, genügte mir, um weiterzumachen«, resümiert Pia Astone von der Universität Rom. Sie arbeitet bereits seit den 1990er-Jahren an der Suche nach kontinuierlichen Quellen. »Ich kann nicht sagen, dass ich jemals enttäuscht war, denn ich bin froh, darum kämpfen zu können, diese Quellen zu entschleiern. Wissenschaft schreitet mit kleinen Schritten voran, flankiert von vielen Schwierigkeiten. Es ist fantastisch, Teil dieses Fortschritts zu sein.« Nun träumt die Astrophysikerin davon, einem Neutronenstern einen Namen geben zu können, der sich durch seine kontinuierlichen Gravitationswellen verrät, noch bevor er anhand seiner elektromagnetischen Strahlung identifiziert wird. »Er ist da, und wir kommen ihm näher. Ich bin sicher, dass wir es schaffen.«

Auch negative Ergebnisse sind positiv

Nach den spektakulären Entdeckungen der kollidierenden Schwarzen Löcher haben die LIGO-Forscher einige weitere Fachartikel publiziert, in denen sie ihre umfangreichen Datenauswertungen vorstellten. Zwar war kein sensationeller Fund dabei, doch das ist ja der Normalzustand der akribischen und hartnäckigen naturwissenschaftlichen Prozeduren. Und keineswegs vergeblich, sondern die Grundlage für alles Folgende. Tatsächlich konnte das

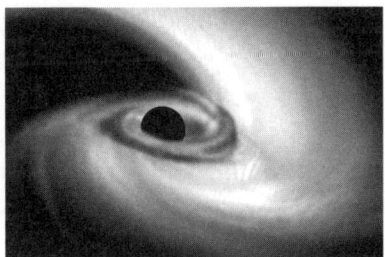

Ähnliche Form, unterschiedliche Ursachen: Wenn Schwarze Löcher – oder andere Sterne, einschließlich Neutronensterne – aus einem Nachbarstern Materie zu sich hinüber zerren, entsteht eine Akkretionsscheibe, denn die meiste Masse kann aufgrund ihres Drehimpulses nicht sofort in den Schwerkraftschlund stürzen. Ein Beispiel ist Scorpius X-1, die hellste Röntgenquelle am Himmel (Illustration links). Auch beim Zusammenstoß von Sternen bilden sich solche Scheiben, die aber eine andere Dynamik haben (rechts eine Computersimulation von den Trümmern bei der Kollision eines Neutronensterns mit einem Schwarzen Loch).

LIGO-Team zahlreiche Grenzwerte verbessern und damit die Abschätzungen der Häufigkeit diverser Quellenarten präzisieren – eine wichtige Voraussetzung künftiger Statistiken und schon jetzt nützlich für astronomische Modelle allgemein.

Im Zeitraum vom 12. September 2015 bis zum 12. Januar 2016 lieferten die beiden Detektoren in Hanford und Livingston 75 beziehungsweise 65 Tage lang exzellente Daten, davon 48 Tage gemeinsam. Das ist für den Anfang ein hoher Prozentsatz. Zumal die Messungen bei 100 bis 300 Hertz, dem empfindlichsten Bereich, drei bis viermal besser waren als bei Initial LIGO zum besten Zeitpunkt und bei 50 Hertz sogar bis zu 30-mal besser. Trotzdem zeigten sich weder Indizien für leicht asymmetrisch rotierende einzelne Neutronensterne noch für Paare sich umkreisender Neutronensterne oder für Doppelsysteme, die durch einen Massetransfer miteinander interagieren; ebenso wenig für weitere Kollisionen zwischen Neutronensternen oder Schwarzen Löchern.

Von 200 bekannten leuchtkräftigen Pulsaren wurde kein signifikantes Signal erhascht; immerhin haben sich die Grenzwerte dafür um das Zweifache verbessert verglichen mit den Messungen von Initial LIGO, Initial Virgo und GEO600 bis zum Jahr 2010. Solche kontinuierlichen Signale sind tief im Rauschen der Daten verborgen und müssen rechnerisch förmlich herausgekitzelt werden. Das ist noch nicht geglückt. Allerdings haben die Messungen bei elf dieser Neutronensterne nun bereits das sogenannte Spin-down-Limit erreicht, was zuvor nur bei den Crab- und Vela-Pulsaren gelungen war. Das Limit bezieht sich auf die Tatsache, dass die Rotation der Pulsare nicht exakt konstant ist, sondern mit der Zeit durch magnetische Effekte und die Abstrahlung von Gravitationswellen langsam abnimmt – das beeinflusst dann wiederum die weitere Emission der Gravitationswellen und sollte sich irgendwann messen lassen.

Ebenfalls erfolglos waren bislang die Versuche, Signale von Doppelsystemen zu erhaschen, bei denen ein Partner dem anderen Materie entreißt. Die hellste und zuerst entdeckte derartige Röntgenquelle ist Scorpius X-1 im Sternbild Skorpion mit einer Distanz von 9000 Lichtjahren. Das System zeigte bei 60 bis 650 Hertz noch keine Gravitationswellen. Für diese Analyse benötigten die Forscher 3000 Computer-Stunden an Rechenzeit.

Trotz der vielen Computer, die rund um die Uhr und weltweit für den LIGO/Virgo-Forschungsverbund arbeiten, ist die Kalkulationspower eine rare Ressource. Deshalb sind die Wissenschaftler auf die Idee gekommen, Volontäre einzuladen, sich mit der ungenützten Rechenzeit ihrer PCs an den Datenauswertungen zu beteiligen. So entstand Einstein@home, gemanagt vom Max-Planck-Institut für Gravitationsphysik in Hannover. Seit 2005 hat es über eine halbe Million Teilnehmer; davon sind knapp zehn Prozent noch aktiv. Mit diesen vereinten Computerkapazitäten wurden bereits über 50 Radiopulsare und fast zwei Dutzend Gammapulsare in den Daten der Parkes-, Arecibo- und Fermi-Observatorien entdeckt. Seit 2006 werden auch LIGO-Daten analysiert, darunter jüngst die Messungen vom Beobachtungslauf O1 bei Frequenzen von 20 bis 100 Hertz.

Gesucht wurde nach periodischen Signalen von rasch und leicht asymmetrisch rotierenden Neutronensternen mit einer Abnahme von etwa 10^{-9} bis 10^{-10} Hertz pro Sekunde. Dazu waren fast zwei Millionen Arbeitseinheiten mit jeweils etwa acht Stunden Rechenzeit auf einem PC nötig, insgesamt $3 \cdot 10^{17}$ einzelne Suchprozeduren. Selbst für diesen engen Parameterbereich ist der Aufwand also enorm. Und er konnte die bisherige Empfindlichkeitsgrenze verdoppeln (relative Längenveränderungen von nun fast 10^{-25} bei 170 Hertz).

Entdeckt wurde noch nichts. Aber die Daten zeigen, dass die äquatoriale Ausbeulung der Neutronensterne im Umkreis von 300 Lichtjahren höchstens 0,01 Prozent oder etwa zehn Zentimeter betragen können – andernfalls hätten sich schon Gravitationswellen von den Rotationsschwankungen nachweisen lassen. Für hohe Frequenzen, günstige Orientierungen und Distanzen von weniger als 3000 Lichtjahre der Sternruinen können deren Wulste sogar höchstens ein Zentimeter dick sein.

Ein weiteres »citizen science«-Projekt, bei dem sich Computerbesitzer an der Gravitationswellenforschung beteiligen können, ist Gravity Spy, organisiert vom Zentrum für Astrophysik an der Northwestern University in Evanston, Illinois. »Es ist sehr wichtig für die LIGO-Datenanalyse, das Rauschen in den Detektoren zu klassifizieren, zu charakterisieren, besser zu verstehen und letztlich zu eliminieren«, sagt Vicky Kalogera, die Direktorin des Zentrums. »Hierzu leistet Gravity Spy einen wertvollen Beitrag.« In diesem Internet-Programm werden die zahlreichen, als »Glitches« (Störimpulse) bezeichneten Frequenzspitzen untersucht, die in den LIGO-Daten enthalten sind und von diversen Störquellen im

Exkurs

Neutronenstern mit Millimeter-Hügel

Der rund 4400 Lichtjahre ferne Pulsar J1023+0038 im Sternbild Sextans dreht sich 59-mal pro Sekunde. Doch seine Rotationsgeschwindigkeit nimmt ab – allerdings nur um 76 Umdrehungen pro Sekunde in einer Milliarde Jahre –, weil sein starkes Magnetfeld Energie verbraucht. Dieser »spin-down«-Effekt ist normal. Doch manchmal fällt er größer aus als erwartet – um fast 30 Prozent. Und zwar dann, wenn der Pulsar überwiegend Röntgenstrahlen emittiert verglichen mit der hauptsächlichen Emission von Radiostrahlung. Diese beiden Stadien wechseln sich alle paar Jahre unregelmäßig ab. Die Ursache dafür ist, dass die Sternruine immer wieder Materie von seinem Nachbarn entreißt, einem Roten Zwerg – in der Größenordnung von 10^{14} Tonnen pro Monat. Bei diesem gierigen Diebstahl entsteht die Röntgenstrahlung.

Brynmor Haskell von der Polnischen Akademie der Wissenschaften in Warschau und Alessandro Patruno von der Universität Leiden in Holland vermuten, dass die Abstrahlung von Gravitationswellen hinter der sporadisch größeren Abnahme der Rotationsgeschwindigkeit steckt. Denn wenn sich die eingefangene Sternmaterie auf der harten Kruste des Neutronensterns ansammelt, wächst dort ein kleiner Hügel. Er ist aufgrund des gigantischen Gravitationsfelds wohl nur einige Millimeter hoch. Darunter verdichtet sich die Materie. Beide Effekte erzeugen eine Unwucht oder Asymmetrie (in der Größenordnung 1 zu 50 Milliarden). Dadurch werden Gravitationswellen erzeugt, die wiederum die Rotation stärker verlangsamen. Wenn der Materienachschub versiegt, wird der Hügel flacher und die Gravitationswellen nehmen entsprechend ab. Vielleicht kann ein künftiger Detektor dies bestätigen; LIGOs Empfindlichkeit reicht nicht aus. Gravitationsstrahlung ist vermutlich auch der Grund, warum Neutronensterne nicht so schnell rotieren, wie sie theoretisch könnten. Der Rekordhalter bringt es auf über 700 Umdrehungen pro Sekunde, doch Theoretiker halten gut 1000 für möglich. Wenn sich allerdings ab einer bestimmten Geschwindigkeit die Kruste der bizarren Sternkerne verformt, sodass sie asymmetrisch wird, müsste die Emission der Gravitationswellen den flotten Pirouetten eine Grenze setzen.

Detektor und aus der Umgebung stammen. Manche ähneln echten Signalen und müssen verworfen werden. Dazu werden Computeralgorithmen auf der Basis des maschinellen Lernens eingesetzt. Doch das menschliche Gehirn ist viel besser in der Erkennung und Einordnung von Mustern, daher können Amateurforscher die Algorithmen trainieren. Seit dem Projektbeginn im Oktober 2016 haben rund 10.000 Freiwillige weltweit bereits mehr als 2,5 Millionen Glitches klassifiziert.

Nicht nur nach kontinuierlichen Quellen, sondern auch nach Bursts wurde gesucht – ähnlich wie von den kollidierenden Schwarzen Löchern. Drei unabhängige Algorithmen durchforsteten die LIGO-Daten nach Anzeichen von wenigen Millisekunden bis Sekunden währenden Signalspitzen bei 32 bis 4096 Hertz. Dabei wurde eine Fehlalarmrate von einem Ereignis pro Jahrhundert für einen Kandidaten als Schwellwert definiert (entsprechend einer statistischen Signifikanz von etwa drei Sigma).

Gefunden wurde nichts. Auch keine Karambolagen von noch schwereren, sogenannten intermediären Schwarzen Löchern ließen sich in O1 detektieren. Solche Ungetüme im Massenbereich von jeweils bis zu 300 Sonnenmassen könnten durch den direkten Kollaps der ersten Sterne entstanden sein, durch die Verschmelzung von Riesensternen sowie stellarer Schwarzer Löcher in dichten Sternhaufen oder wenn sich stellare Schwarze Löcher große Mengen an Gas einverleibt haben. Die LIGO-Forscher schätzen nun, dass ein Crash dieser intermediären Schwarzen Löcher seltener ist als 0,2 bis 20 Ereignisse pro Kugelsternhaufen (beziehungsweise in einem Volumen von 1 bis 20 Kubikgigaparsec) und Jahrmilliarde. Wahrscheinlich sind solche Paare also eine Rarität.

Die Negativresultate klingen vielleicht enttäuschender als sie sind. Noch steht Advanced LIGO am Anfang – und hatte mit den bereits gemessenen Signalen der Schwerkraft viel Glück und große Erfolge. Die Suche geht weiter.

Kollidierende Neutronensterne und Gammablitze

Wenn sich Neutronensterne schneller umkreisen als auf ihrem letzten stabilen Orbit (LSO), ist ihre Todesspirale unaufhaltsam, und der Sturz in den Abgrund beschleunigt sich rapide. (Der Radius dieser engsten stabilen Umlaufbahn beträgt wie bei nicht rotierenden Schwarzen Löchern r_{LSO} = 6Gm/c² und führt bei Neutronensternen zur Abstrahlung von Gravitationswellen mit einer Frequenz f_{LSO} = c³/(6³/²πGm) bei einigen Hundert Hertz; m bezeichnet die Gesamtmasse). Gravitationswellen vom Crash zweier Neutronensterne sind allerdings schwächer als vom Zusammenprall Schwarzer Löcher. Sie dauern aber auf voraussagbare Weise länger – viele Sekunden oder sogar Minuten statt Sekundenbruchteile –, was den täuschenden Einfluss von Zufallsschwankungen in den Detektoren vermindert.

Damit LIGO die raumzeitlichen Erschütterungen von Neutronenstern-Karambolagen empfangen kann, müssen diese also relativ nahe sein: höchstens ein paar Hundert Millionen Lichtjahre – ein Zehntel der Distanz vom Kollisionsereignis GW170104 Schwarzer Löcher. Das bedeutet, LIGOs Reichweite für die Messung von Neutronenstern-Kollisionen umfasst nur etwa ein Tausendstel des Volumens potenzieller Signale Schwarzer Löcher. Allerdings ergaben die Abschätzungen der Astronomen, dass der Zusammenstoß von Neutronensternen (wie künftig der Pulsare PSR 1913+16 und PSR J0737-3039) mehrere 100-mal häufiger ist, woraus eine ähnliche Nachweisrate folgt. (Viele Astronomen dachten bis zum Jahr 2015 sogar, LIGO würde zuerst Signale von Neutronensternen aufspüren.) Diese Hochrechnungen werden sich bald präzisieren lassen.

Im ersten Beobachtungslauf O1 hat LIGO keine Signale von kollidierenden Neutronensternen gemessen. Gesucht wurde natürlich auch nach Assoziationen zwischen möglichen Gravitationswellen und Gammablitzen. Immerhin 41 Kandidaten hatten Astronomen mit den Satelliten Fermi und SWIFT sowie dem InterPlanetary Network im Zeitraum von O1 anzubieten (zwischen 2005 und 2010 waren es über 500). Aber es gab keine gute Entsprechung. Somit sollte sich während der Messungen keine Verschmelzung zweier Neutronensterne in 300 Millionen Lichtjahren Distanz ereignet haben und keine Kollision eines Neutronensterns mit einem Schwarzen Loch in 450 Millionen Lichtjahren.

Allein der Gammablitz GRB 150906B vom 6. September 2015 verdiente Beachtung. Er war vom InterPlanetary Network gefunden worden, und zwar bei der Balkenspiralgalaxie NGC 3313 im Sternbild Hydra, die mit einer Distanz von 180 Millionen Lichtjahren vergleichsweise nah ist. Damals arbeitete der Hanford-Detektor schon. Wäre der Gammablitz in NGC 3313 gewesen und auf weniger als 30 Grad fokussiert, hätte er ziemlich sicher nicht durch die Kollisionen eines Neutronensterns mit einem anderen Neutronenstern oder einem Schwarzen Loch erzeugt werden können, denn sonst wäre LIGO das nicht entgangen – und dann hätten die Astronomen ein Problem mit ihren Modellen. Doch wahrscheinlich befand sich GRB 150906B nicht in NGC 3313, sondern in einer der über 1,5 Milliarden Lichtjahre fernen Galaxien an fast derselben Himmelsstelle.

Schon aus den Daten von O1 ließ sich hochrechnen, dass Advanced LIGO in den nächsten beiden Beobachtungsläufen ein Signal messen müsste, das mit einem Gammastrahlen-Ausbruch korreliert ist. Andernfalls käme die übliche Vorstellung, dass kurze Gammablitze von Neutronenstern-Kollisionen stammen, in große Schwierigkeiten. (Gegenstücke zu langen Gammablitzen der Hypernovae erfordern wahrscheinlich noch mehr Geduld. Findet LIGO in den nächsten Jahren nichts, wären nur die extremsten Modelle mit dem Kollaps eines sehr rasch rotierenden Riesensternkerns widerlegt.)

Es ist also nur eine Frage der Zeit, bis die Jäger der Gravitations-wellen eine ganze Serie neuer Erstleistungen einfangen werden: Signale von zusammenstoßenden Neutronensternen, eine genaue Lokalisierung der Quelle und die Identifikation eines elektroma-gnetischen Pendants. Womöglich glückten im zweiten Beobach-tungslauf O2 bereits alle drei auf einen Streich.

Zum Erscheinungstermin dieses Buchs (Oktober 2017) gab es noch keine wissenschaftlichen Publikationen oder deren übliche Vorabdrucke im Internet. Doch glaubhafte Gerüchte kursier-ten (nicht nur) unter Astronomen: Demnach haben die LIGO/Virgo-Detektoren am 17. August 2017 um 10.41 Uhr MESZ Gra-vitationswellen von kollidierenden Neutronensternen erhascht – und Weltraumteleskope einen damit wohl zusammenhängen-den Gammastrahlen-Ausbruch. Einen Tag später plapperten auf Twitter darüber zwei amerikanische Astronomen, die nicht zum Forscherteam gehören – eine unfaire Wichtigtuerei, denn die Ehre der Verkündigung gebührt den Entdeckern, zumal die wissenschaftliche Glaubwürdigkeit im Dampf der Gerüchtekü-chen beschädigt werden kann. Andererseits kocht zuweilen die Begeisterung über. Außerdem waren laut öffentlich im Internet einsehbaren Protokollen in den folgenden Tagen Großteleskope weltweit auf dasselbe Ziel gerichtet: die Elliptische Galaxie NGC 4993 im Sternbild Hydra, 130 Millionen Lichtjahre entfernt.

Die Weltraumteleskope Fermi und INTEGRAL hatten aus dieser Richtung Gammastrahlen gemessen. Im Logbuch des Chandra-Röntgensatelliten war eine Programmänderung zu le-sen, um sieben Stunden lang sGRB 170817A zu beobachten: die Abkürzung für einen kurzen Gammablitz am 17. August 2017 – mit Verweis auf LIGO/Virgo als Grund. In Chile visierten das Very Large Telescope der Europäischen Südsternwarte sowie das Radioobservatorium ALMA (Atacama Large Millimeter Array) NGC 4993 an. Und kurz danach tat dies auch das Hubble-Weltraumteleskop. Der daran beteiligte Astronom Andy Howell von der University of California in Santa Barbara twitterte am 18. August: »Astronomisch gesehen war es ein großartiger Tag. Oder besser eine Reihe von Nächten.« Und am Tag darauf: »Heute ist eine jener Nächte, in denen der Anblick eintreffender astronomischer Beobachtungsdaten besser ist als jede Geschichte, die jemals ein Mensch erzählt hat.«

Fest steht, dass sGRB 170817A der bislang nächstgelegene gemessene Gammablitz ist – und nahe genug für LIGOs Empfindlichkeitsbereich. (Virgos Sensitivität für Neutronenstern-Kollisionen lag im August bei einer Distanz von 80 bis 90 Millionen Lichtjahren, in bestimmten Himmelsrichtungen allerdings bei bis zu knapp 200 Millionen Lichtjahren – und selbst ein an sich statistisch nicht signifikantes Signal wäre glaubwürdig, wenn es zeitgleich mit LIGO-Messungen auftaucht.)

LIGO-Sprecher David Shoemaker wollte das Gerücht weder bestätigen noch dementieren: »Es wird eine Weile dauern, den Daten gerecht zu werden und sicher zu sein, sodass wir ein glaubwürdiges Ergebnis publizieren können.« Andere LIGO-Forscher hüllten sich ebenfalls in Schweigen. Und zum planmäßigen Ende des zweiten Beobachtungslaufs (O2) am 25. August lautete die Überschrift der offiziellen Statusmeldung »A very exciting LIGO-Virgo Observing Run is drawing to a close«, worauf von »einigen vielversprechenden Gravitationswellen-Kandidaten« die Rede war, die laut vorläufiger Analyse sowohl von LIGO als auch Virgo identifiziert und mit Astronomen geteilt worden seien. »Wir arbeiten hart daran, um sicherzustellen, dass die Kandidaten echte Gravitationswellenereignisse sind, und es wird Zeit brauchen, das Ausmaß an Konfidenz zu erreichen, das nötig ist, um ein Ergebnis der Fachwelt und der größeren Öffentlichkeit vorzustellen«, heißt es weiter in der Erklärung, die mit dem Versprechen endet, die Informationen so bald wie möglich mitzuteilen.

Tanzende Geheimnisse

»Herum geht unser Tanz der Fragen im Kreis, / und in der Mitte sitzt das Geheimnis, das alles weiß«, lautet *The Secret Sits* von Robert Frost aus dem Jahr 1942 (»We dance round in a ring and suppose, / But the Secret sits in the middle and knows«). Auf das zweizeilige Gedicht des US-amerikanischen Poeten können sich Astronomen und Physiker einen Reim machen. Denn viele ihrer Fragen tanzen ebenfalls um ein zentrales Geheimnis – das der Schwarzen Löcher. Seitdem LIGO das Zittern der Raumzeit durch Karambolagen dieser finsteren Schwerkraftfallen zu messen begann – die zuvor selbst im Kreis tanzten, bis sie brachial miteinander verschmolzen –, haben sich die Geheimnisse vervielfältigt.

Schon LIGOs erster Volltreffer hat Astronomen gleichzeitig fasziniert und widerlegt. Fasziniert, weil die Gravitationswellen einen ganz neuen Zugang zum Universum ermöglichen. Widerlegt, weil einige Astronomen dachten, Gravitationswellenastronomie wäre eher Fiction als Science – und viele sich gar nicht erst um diese neue Perspektive kümmerten. Prominente Skeptiker wie Jeremiah Ostriker und John Bahcall von der Princeton University kritisierten die LIGO-Pläne noch Anfang der 1990er-Jahre, hielten sie für unrealistisch und befürchteten, das Geld würde der normalen, das heißt auf elektromagnetischen Beobachtungen fußenden Astronomie fehlen (dabei wurde LIGO aus anderen Budgets finanziert). Außerdem sei der Name Hybris, denn das O für Observatorium in LIGO wäre ja nur gerechtfertigt, wenn tatsächlich etwas beobachtet würde.

Inzwischen sind die Kritiker verstummt. Die Gravitationswellen von kollidierenden Schwarzen Löchern haben nicht nur ein neues Fenster zum Universum aufgestoßen, sondern fordern schon die herkömmliche Astronomie heraus. Spätestens die Messungen des dritten und vierten Schwerkraftsignals haben LIGO endgültig zum Observatorium gemacht – und den Ball in die Astronomenzunft zurückgespielt. Nicht nur kann diese von den neuen Daten einiges lernen. Sie muss jetzt selbst nach den Quellen der Wellen Ausschau halten. Und sie hat nun so viele neue Fragen, dass ein einziger Tanz darum nicht ausreichen würde.

Die Grundfragen erscheinen so kurz wie einfach: Wann, wo, auf welche Weise und wie häufig bildeten sich Paare aus Schwarzen Löchern? Aber diese Fragen haben es in sich, denn sie betreffen letztlich den Aufbau und die Entwicklung des Universums insgesamt. Die Schwarzen Löcher sind nämlich nicht nur exotische Nebenprodukte der Sternentwicklung und Einbahnstraßen der Materie, sondern sie lassen sich als Indikatoren für die Geschichte des Weltalls und seine Eigenschaften nutzen.

Exakte Antworten haben Astronomen noch auf keine dieser Fragen. Zwar drehen sich ihre Hypothesen nicht sinnlos im Kreis, doch es wird viel Arbeit erfordern, um die Geheimnisse zu lüften. Und das geht nicht in Konkurrenz zu LIGO, sondern nur in enger Kooperation. Diese Zusammenarbeit funktioniert bereits gut, weil das LIGO-Team rasch Astronomen informiert, wenn ein verdächtiges Signal auftaucht, sodass sie mit Satelliten und irdischen Observatorien nach elektromagnetischen Pendants Ausschau halten können. Das verspricht einen riesigen Erkenntnisgewinn, um den Ursprung der Gravitationswellen zu identifizieren – und ihn vielleicht sogar als Quelle von Neutrinos oder der energiereichsten Kosmischen Strahlung auszumachen.

Als Ursache der mit über 10^{19} Elektronenvolt auf die Erde prasselnden Partikel werden kollidierende schwere Schwarze Löcher tatsächlich bereits diskutiert. Kumiko Kotera und Joseph Silk von der Universität Paris haben sich ein Dynamo-Modell überlegt, bei dem die Schwarzen Löcher in einer Plasma-Hülle stecken, einer Magnetosphäre ähnlich wie um Pulsare. Dort könnten bis zu 10^6 Tesla starke Magnetfelder Protonen und andere Atomkerne auf die entsprechenden Energien beschleunigen. Weil die geladenen Teilchen von den (inter)galaktischen Magnetfeldern abgelenkt werden – um etwa ein Grad pro 10.000 Jahre über eine Strecke von 300 Millionen Lichtjahren –, ließe sich das nur mit Neutrinos nachweisen, die sich wie Gravitationswellen geradlinig und ungestört ausbreiten.

Die Suche nach elektromagnetischen Gegenstücken von der Radio- bis zur Gammastrahlung ist also eine ganz große Herausforderung. Viele Astronomen bemühen sich bereits begierig, rasch Gravitationswellen-Benachrichtigungen zu erhalten; dabei hatten sie in all den Jahren zuvor diesen Wissenschaftszweig eher skeptisch oder amüsiert verfolgt – oder schlicht ignoriert. »Jetzt, wo wir beginnen, Mainstream-Astronomie zu werden, haben wir plötzlich sehr viele Freunde, von denen wir bislang nie etwas wussten«, kommentiert das Karsten Danzmann schmunzelnd.

Beobachtungen im elektromagnetischen Spektrum werden also ein Schlüssel zum Fortschritt sein – allerdings mehr im Hinblick auf die Neutronensterne. Die Herkunft der herumwirbelnden Duos Schwarzer Löcher kann man nur mit anderen Erklärungsstrategien enträtseln. Und dazu sind mehr Messungen von Kräuselungen der Raumzeit unerlässlich.

Zwar wird sich die genaue Geschichte im Vorfeld der bisher registrierten Gravitationswellen nicht eindeutig klären lassen. Doch wenn LIGO viele weitere ähnliche Signale entdeckt, können Theoretiker ihre Modelle präzisieren und besser vergleichen und bewerten. Die Wissenschaftler sollten dabei alle Alternativen erkunden, auch unorthodoxe, und sich nicht scheuen, die ausgetretenen Pfade zu verlassen. Auch hier kann Robert Frosts Poesie wieder mitreden. So heißt es in seinem 1915 verfasstem Gedicht *The Road Not Taken*: »Two roads diverged in a wood, and I – / I took the one less traveled by« (»Zwei Wege sich mir boten dar, / und ich nahm den, der weniger begangen war«).

Massen, Metalle und Modelle

Astrophysiker unterscheiden vier Arten Schwarzer Löcher: primordiale, stellare, intermediäre und supermassereiche. Primordiale haben sich, falls es sie überhaupt gibt, sofort nach dem Urknall gebildet und könnten eine sehr breite Massenverteilung besitzen: von mikroskopisch kleinen Objekten bis zu wahrhaften Schwergewichten. Stellare Schwarze Löcher sind aus dem Kollaps ausgebrannter einzelner Sterne entstanden und mindestens vier Sonnenmassen schwer. Intermediäre Schwarze Löcher mit bis zu einigen Zehn- bis Hunderttausend Sonnenmassen und supermassereiche, die sich in den Zentren der meisten Galaxien befinden und bis zu zehn Milliarden Sonnenmassen und mehr in sich vereinigen, sind hauptsächlich gewachsen durch die Verschmelzung stellarer Schwarzer Löcher sowie aufgrund der Einverleibung von Gas, Staub und ganzen Sternen im Lauf weniger Milliarden Jahre.

Stellare Schwarze Löcher haben Radien zwischen zehn und 300 Kilometer, sind also typischerweise so groß wie der Bodensee. Intermediäre Exemplare besitzen Halbmesser von 300 bis drei Millionen Kilometer; viele sind also größer als die Sonne. Supermassereiche Löcher schließlich können mit drei Millionen bis 30 Milliarden Kilometer Radius so groß wie das Sonnensystem werden.

Seit den 1970er-Jahren haben Astronomen mindestens 22 stellare Schwarze Löcher als Bestandteil eines Röntgen-Doppelsystems identifiziert, 19 davon innerhalb der Milchstraße. Das erste Beispiel war Cygnus X-1 im Sternbild Schwan. Dort, rund 6000 Lichtjahre entfernt, entzieht ein unsichtbarer Körper einem leuchtenden Begleitstern Materie, verschluckt sie und erhitzt sie zuvor so stark, dass Röntgenstrahlung entsteht. Die Bewegung des Begleitsterns erlaubt eine Abschätzung der Masse des finsteren Nachbarn. Liegt diese über vier Sonnenmassen – der maximal möglichen Masse eines Neutronensterns –, handelt es sich ziemlich sicher um ein stellares Schwarzes Loch. Und das ist bei Cygnus X-1 mit einer Masse von rund 15 Sonnen klar der Fall. Die Mehrheit der bekannten stellaren Schwarzen Löcher bringt es auf die fünf- bis zehnfache Masse der Sonne. Ein paar könnten sogar bis zu 20 Sonnenmassen besitzen (M33 X-7 etwa hat 15,7 plus/minus 1,5).

Ebenfalls zu den stellaren Schwarzen Löchern gehören sehr wahrscheinlich die Paare Schwarzer Löcher mit bis zu 40 Sonnenmassen, von deren Verschmelzung LIGO Gravitationswellen erhascht hat. (Vielleicht wird LIGO auch einmal leichte intermediäre Schwarze Löcher von mehreren Hundert Sonnenmassen aufspüren, doch deren Raumzeit-Symphonien sind bislang Zukunftsmusik.) Allerdings sind sie fast alle schwerer als die meisten Schwarzen Löcher in den bekannten Röntgen-Doppelsystemen. Das bereitet den Astronomen großes Kopfzerbrechen, obgleich es vielleicht zum Teil ein Auswahleffekt der Methode ist: je schwerer die Schwarzen Löcher sind, desto stärker bringen sie den Weltraum zum Schwingen und desto leichter kann LIGO sie detektieren.

Wie schwer ein stellares Schwarzes Loch werden kann, hängt ab von der Masse seines Vorläufersterns und davon, wie viel dieser verliert: erst durch Sternwinde und dann vor allem, während er als Supernova explodiert (falls er nicht direkt kollabiert, ohne seine äußere Schichten ins All zu sprengen). Wesentlich sind neben nicht genau berechenbaren mikrophysikalischen Vorgängen vor allem die Rotation des Sterns und die Stärke seiner Winde. Letztere hängt empfindlich von seiner Zusammensetzung ab: vom Anteil an Elementen schwerer als Helium. Diese Größe bezeichnen Astronomen missverständlich als Metallizität, obwohl ja keineswegs nur Metalle darunter subsumiert werden. Die Sonne hat einen Anteil von ungefähr zwei Prozent an solchen schwereren Elementen. Bei solarer Metallizität können Sterne mit 15 Sonnen-

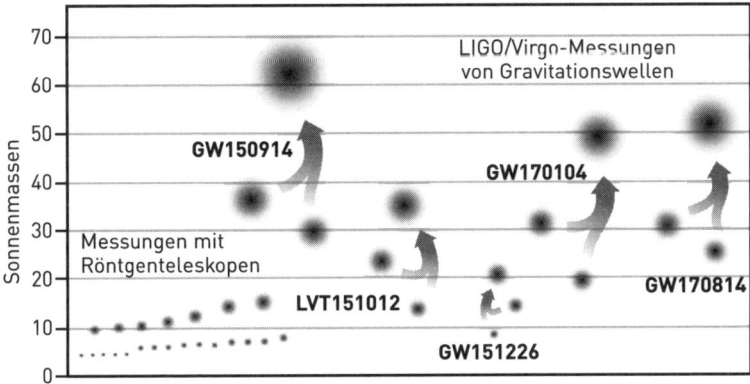

Parade der Schwerkraftmonster: LIGO hat bis zum Oktober 2017 offiziell vier Kollisionen Schwarzer Löcher aufgespürt und einen fünften Kandidaten. Dabei handelt es sich um die schwersten bekannten Schwarzen Löcher im stellaren Massenbereich überhaupt. Im Diagramm sind alle durch Messungen gut bestätigten Exemplare verzeichnet, entdeckt durch ihre Röntgenstrahlung (links) sowie mittels Gravitationswellen (rechts).

massen und mehr entstehen; sie kollabieren später zu Schwarzen Löchern. Es gibt allerdings keine Modellrechnungen, die überzeugend beschreiben, wie sich ein Schwarzes Loch mit über 30 Sonnenmassen beim Ausbrennen eines Sterns mit solarer Metallizität bilden kann. Sehr wahrscheinlich wurden die kollidierten Schwarzen Löcher der gemessenen LIGO-Ereignisse jedoch von Sternen hervorgebracht, die höchstens die Hälfte der solaren Metallizität besaßen oder sogar weniger als ein Zehntel. Folglich sind die Sternwinde bei diesen Riesensternen wohl nicht stark genug, um immer zu verhindern, dass derart massereiche Schwarze Löcher beim Kernkollaps entstehen. Das war bislang nicht klar. Manche Modelle widersprachen dem sogar. Darüber hinaus ist zu klären, warum und wie häufig die Schwarzen Löcher so enge Paare bilden, dass hinreichend viele davon zu einer gegenwärtig nachweisbaren Kollision führen.

Potpourri der Alternativen

So lange es keine sichtbaren Begleitphänomene der Gravitations-
wellenquellen gibt, sind Astronomen auf Modellrechnungen und
Computersimulationen angewiesen, um den kollidierten Schwarzen Löchern auf die Schliche zu kommen. Besonders wichtig ist es,
herauszufinden, wann und wie die finsteren Gesellen entstanden
sind. Sie könnten sich sehr früh im Universum gebildet, einander
lange umkreist und so im Lauf von vielleicht fünf bis zehn Jahrmilliarden angenähert haben. Oder sie formten sich spät, betraten
also erst relativ kurz vor der Kollision die kosmische Bühne, und
stießen dann astronomisch betrachtet relativ bald zusammen,
vielleicht innerhalb von nur zehn bis 300 Millionen Jahren. (In
diesem zweiten Fall wäre das System in einer massearmen Galaxie mit geringer Metallizität entstanden; solche Sternsysteme wie
die Große Magellan'sche Wolke sind auch im lokalen Universum
keine Seltenheit.)

Inzwischen haben Astronomen einige konkurrierende Hypothesen im Angebot.

› **Primordiale Schwarze Löcher:** Sie sind wohl die exotischste
Möglichkeit. Sie wären nicht erst entstanden, nachdem die ausge-
brannten Zentralbereiche von Riesensternen kollabiert sind, son-
dern viel früher, im ersten Sekundenbruchteil nach dem Urknall:
aus extremen Dichteschwankungen der noch hochverdichteten
Urmaterie. Solche Urzeitrelikte sind zwar bislang reine Spekula-
tion, aber sie könnten die ominöse Dunkle Materie im All sein.
Käme LIGO wirklich primordialen Schwarzen Löchern auf die
Spur, wäre das eine noch größere astronomische Sensation als der
Nachweis der Gravitationswellen selbst. (Dazu später mehr.)

› **Relikte der ersten Sterngeneration:** Diese aus historischen Gründen als Population III bezeichneten frühesten Sterne im Universum besaßen noch fast keine schwereren Elemente wie Kohlenstoff

und Sauerstoff, weswegen sie strahlungsdurchlässiger waren als heutige Sterne und geringere Sternwinde hatten. Daher konnten sie massereicher und zugleich kleiner sein als heutige Riesensterne. Sie konnten ohne Supernova-Explosion zu einem Schwarzen Loch kollabieren – entweder direkt oder beim Rücksturz der äußeren Sternschichten. Kohei Inayoshi von der Columbia University in New York und seine Kollegen schlugen daher vor, dass die LIGO-Quellen aus Relikten von Population-III-Sternen stammen. Doch Modellrechnungen von Astrophysikern um Irina Dvorkin von der Sorbonne-Universität in Paris – darunter auch bekannte Größen des Fachs wie Joseph Silk, Jean-Philippe Uzan und Keith Olive – haben gezeigt, dass ein solches Szenario für die Entstehung der Vorläufer von GW150914 unwahrscheinlich ist.

› **Galaxienzentren:** Plausibler und weniger exotisch ist die Annahme, dass die Schwarzen Löcher nicht extrem früh im Universum entstanden sind. Doch wann dann? Das lässt sich nicht von einer zweiten Frage trennen: Wo geschah es? Eine Möglichkeit für einen typischen Entstehungsort ist das Zentrum einer Aktiven Galaxie. Dort befindet sich meistens ein supermassereiches Schwarzes Loch, umgeben von viel Gas, dessen Einsturz große Mengen an Reibungsenergie freisetzten. Kleinere Schwerkraftfallen sowie Binärsysteme werden angezogen, bis sie mit dem Gas interagieren. Das führt dazu, dass ein Paar sich innerhalb nur etwa einer Million Jahre immer näher kommt, bis es schließlich verschmilzt. Ohne die »Reibungsverluste« an Drehimpuls würden dagegen Jahrmilliarden bis zur Kollision vergehen. Ein Forscherteam um Imre Bartos von der Columbia University in New York hat diese Hypothese ausgearbeitet. Sie könnte sich erhärten, wenn man im elektromagnetischen Bereich Begleitsignale aus Galaxienkernen fände, weil bei einem Crash auch große Gasmassen zusätzlich in den Schwerkraftschlund geraten sein könnten und dann zuvor hell aufleuchten würden.

› **Partnervermittlung:** Dieser Hypothese zufolge bilden sich Binärsysteme aus Schwarzen Löchern durch dynamischen Einfang in Regionen hoher Sterndichte. Carl L. Rodriguez von der Northwestern University in Evanston, Illinois, hat die Form einer kosmischen Partnervermittlung mit Kollegen in vielen Einzelheiten durchgerechnet. Er hält Kugelsternhaufen für die plausibelsten Entstehungsorte. Zwar besitzen sie viel weniger Sterne als eine große Galaxie – durchschnittlich eine Million gegenüber mehr als 100 Milliarden –, doch sind diese viel dichter beieinander: Die Milchstraße beispielsweise hat einen Durchmesser von 100.000 Lichtjahren, ein Kugelsternhaufen dagegen nur ungefähr zehn. In diesen dichten Sternansammlungen schon aus der Frühzeit des Alls bildeten sich viele Schwarze Löcher innerhalb kurzer Zeit. Sie sinken allmählich in den Zentralbereich des Haufens. Dort können sich im Extremfall Tausende Schwarze Löcher pro Kubiklichtjahr ansammeln, denkt Rodriguez. So kommt es häufig zu einer Wechselwirkung – wobei Paare entstehen, wenn sich drei Schwarze Löcher annähern und dabei das dritte fortgeschleudert wird. Rodriguez vergleicht das (sogar in den trockenen Fachpublikationen) mit einem Moshpit auf Punk- und Metal-Konzerten. Bei diesem »Tanz« im Kreis vor der Bühne kommt es zu einem komplizierten Partnertausch und Gerangel der Menschen, und immer wieder werden auch welche herausgeworfen. Rodriguez' Computersimulationen der Entwicklung von 48 Kugelsternhaufen mit einer Million Sternen zeigten, dass nach zehn Millionen simulierten Jahren bis zu 3000 Schwarze Löcher entstehen, mit teilweise über 250 Paaren und vielen Kollisionen – auch von Sternruinen mit Massen wie bei GW150914. »Die extreme Dichte erschafft eine veritable Fabrik für Gravitationswellen, weil sich ständig binäre Schwarze Löcher bilden. Ihr Schicksal ist es, zu Quellen für Advanced LIGO zu werden«, schrieben die Wissenschaftler fast poetisch in der Fachzeitschrift *Astrophysical Journal Letters*. Das bestätigen noch aufwendigere Simulationen eines Teams um Rainer Spurzem von der Universität Heidelberg; sie haben Millionen digitale Sterne zwölf Milliarden simulierte Jahre im Computer interagieren lassen – was über 20.000 Stunden an Rechenzeit erfordert hat! –, und »fanden« dabei Dutzende binärer Schwarzer Löcher, die teilweise auch verschmolzen sind. Im Gegensatz zu den Auffassungen vieler Astronomen noch vor einigen Jahren werden die Schwarzen Löcher also nicht alle aus ihren Heimstätten gejagt.

Wenn Schwarze Löcher in Kugelsternhaufen miteinander gravitativ interagieren, werden sie zwar meistens hinauskatapultiert, aber es kommt zuweilen auch zu einer Paarbildung, sodass die Sternruinen fortan eng miteinander verbunden sind – nicht bis dass der Tod sie scheidet, sondern bis sie sich in einer fulminanten Hochzeit endgültig miteinander vereinigen. Wenn beispielsweise die beiden Schwarzen Löcher von GW150914 ihren Ursprung in einem Kugelsternhaufen hatten, dann hätte dessen Masse typischerweise 500.000 Sonnenmassen betragen, und seine Metallizität lag bei ein bis fünf Prozent vom Wert der Sonne, schätzt Rodriguez. Doch das Kugelsternhaufen-Szenario hat auch seine Unwägbarkeiten. So gibt es noch keine direkten harten Indizien für Schwarze Löcher in Kugelsternhaufen. Zudem ist unklar, ob überhaupt genug dieser dichten Sternansammlungen im Universum existieren, um die mit den LIGO-Daten vereinbarte Kollisionsrate zu ermöglichen. So scheinen einige Haufen wie Omega Centauri und M 54 in Wirklichkeit die Kerne kannibalisierter Zwerggalaxien zu sein, in denen wohl viel weniger Schwarze Löcher entstanden sind. Andererseits könnte es Tausende von Kugelsternhaufen sogar im intergalaktischen Raum zwischen Galaxienhaufen geben, die zu lichtschwach für die irdischen Teleskope sind.

› **Zwillingsgeburt:** Da die meisten massereichen Sterne paarweise vorkommen, liegt die Vermutung nahe, dass zwei Schwarze Löcher übrig bleiben, nachdem beide Partner in einem solchen Ster-

Stätten der Schwerkraftfallen: Fest steht, dass die bisher gemessenen Gravitationswellen aus über einer Milliarde Lichtjahre Distanz stammen. In welcher kosmischen Umgebung die Schwarzen Löcher entstanden sind, deren Kollision die Signale erzeugt haben, ist unklar. Eine Möglichkeit sind junge Zwerggalaxien mit relativ wenig schweren Elementen ähnlich wie die Große Magellan'sche Wolke in der Nachbarschaft der Milchstraße, 163.000 Lichtjahre entfernt im Sternbild Schwertfisch (oben). Die wichtigste Alternative dazu sind Kugelsternhaufen wie der rund 13 Milliarden Jahre alte 47 Tucanae (NGC 104), 16.000 Lichtjahre entfernt im Sternbild Tukan (rechts oben), wo die Sterndichte sehr hoch ist. Diskutiert werden auch noch andere Hypothesen, etwa das Zentrum Aktiver Galaxien wie in Centaurus A (NGC 5128), 11 Millionen Lichtjahre entfernt im Sternbild Zentaur (rechts unten).

nenduo ausgebrannt und in sich zusammengestürzt sind – und
sich zuvor einander angenähert haben aufgrund von Masseverlust
(Sternwinde) und -transfer (stellarer Vampirismus). Diese Hypothese passt gut zu Modellen der kosmischen Sternentwicklung
und favorisiert das Sternenfeld in jungen Galaxien als Ursprungsort. Ed van den Heuvel von der Universität Amsterdam hat dazu
schon 1972 publiziert und 2017 mit seinen Kollegen Simon Porte-
gies Zwart und Selma de Mink in aufwendigen Computersimulationen gezeigt, dass solche Vorgänge keine Seltenheit sind. »In
der Milchstraße können sich die Paare einmal in 100.000 Jahren
entwickeln – zehnmal häufiger als bislang gedacht«, heißt es in der
Zusammenfassung. Zuvor herrschte die Meinung vor, dass enge
Paare von Riesensternen meistens schon vor ihrer Explosion verschmelzen und nur ein Schwarzes Loch bilden. Die LIGO-Quellen
könnten sich aber folgendermaßen gebildet haben: Riesensterne
vom Spektraltyp O oder B werden binnen weniger Dutzend Jahrmillionen zur Supernova. Das erste daraus entstandene Schwarze
Loch entreißt dem anderen Stern Materie, worauf sich der Abstand
der beiden Körper stark verringert. Nach der Explosion des anderen Sterns umkreisen sich die beiden Schwarzen Löcher einmal in
zwei Tagen oder noch schneller – zur Kollision kommt es dann im
Zeitraum von höchstens ein paar Milliarden Jahren. Weitere sehr
detaillierte Studien stammen von Krzysztof Belczynski, Universität Warschau, und seinen Kollegen aus Polen und den USA. Auch
diese Astrophysiker nehmen an, dass die Schwarzen Löcher aus
Sternenpaaren entstanden sind, die miteinander lebten und star-
ben. So könnte beispielsweise das Schicksal von GW150914 folgende Entwicklung genommen haben: Bereits etwa zwei Milliarden
Jahre nach dem Urknall formten sich die Vorläufer der kollidierten
Schwarzen Löcher; die Riesensterne enthielten weniger als zehn
Prozent des solaren Werts an Elementen schwerer als Helium und
hatten Massen vom 40- bis 100-Fachen der Sonne. Bis der masse-

reichere Partner zum Schwarzen Loch kollabierte, umkreiste sich das Paar etwa vier Jahrmillionen lang. Nach weiteren 1,5 Millionen Jahren stürzte auch der andere Stern in sich zusammen. Zuvor oder in der Zwischenphase kam es vermutlich zu einem Transfer an Materie des einen Sterns zum anderen beziehungsweise zum ersten Schwarzen Loch, wodurch sich der Abstand der beiden Himmelskörper verringerte. Eine Supernova ist in diesem Szenario gar nicht nötig, der Kollaps erfolgte in beiden Fällen wahrscheinlich direkt. (Das ist bei heutigen Riesensternen anders, weil sie mehr schwere Elemente besitzen.) Die beiden Schwarzen Löcher müssen sich dann vor dem Zusammenstoß rund zehn Milliarden Jahre umkreist und aufgrund der Abstrahlung von Gravitationswellen immer weiter angenähert haben – also tausendmal so lange wie ihre Vorläufersterne im All leuchteten. Und ein Ereignis wie GW170104 könnte aus zwei Riesensternen mit 85 und 60 Sonnenmassen hervorgegangen sein, die vielleicht vier Milliarden Jahre nach dem Urknall miteinander entstanden waren und interagierten und dann binnen vier beziehungsweise fünf Millionen Jahren jeweils direkt zum Schwarzen Loch kollabierten, worauf es bis zur Kollision weitere 6,8 Milliarden Jahre gedauert hätte. Dieses Szenario der »isolierten binären Entwicklung«, wie es Belczynski nennt, hat allerdings eine Schwachstelle: Offen bleibt, ob solche Doppelsternsysteme den zweifachen Kollaps häufig genug überstehen. Denn es ist leicht möglich, dass dabei ein Stern – oder Schwarzes Loch – in die Weiten des Alls geschleudert wird. Offen bleibt auch, ob sich die finsteren Zwillinge eng genug umkreisen, sodass sich ihre Kollision auch gegenwärtig beobachten lässt.

› **Zwei in einem:** Eine sehr unorthodoxe Variante der Zwillingsgeburt, mindestens für GW150914, hat Abraham Loeb von der Harvard University vorgeschlagen. Er spekuliert, dass hier zwei Schwarze Löcher im Inneren eines Einzelsterns kollidiert sind. Der hätte sich aus der Verschmelzung zweier Riesensterne mit jeweils einem Kern reich an Helium gebildet (von weniger als 35 Sonnenmassen, sonst wären die Sterne zuvor explodiert). Daraus hervorgegangen wäre ein rasch rotierendes Sternungetüm von über 100 Sonnenmassen. Sein Inneres hätte aufgrund seiner gewaltigen Schwerkraft zusammenstürzen und dabei wegen der rasanten Rotation kurz eine stark eisenhaltige hantelförmige Struktur formen können. Diese wäre dann in zwei separate Schwarze Löcher kollabiert, welche umeinander spiralisiert und wenig später verschmolzen sind. Das hätte Loeb zufolge die Gravitationswellen erzeugt. In der Sternhülle oder näheren Umgebung könnte ein energiereicher Teilchenjet freigesetzt worden sein. (Dieser wäre dann vielleicht sogar die Ursache für den schwachen Gammablitz gewesen, den das GBM-Instrument an Bord des Fermi-Satelliten gemessen hatte.) Stan Woosley von der University of California in Santa Cruz äußerte sich allerdings skeptisch. Der Sternenspezialist hat mit Computersimulationen gezeigt, dass Loebs Entwicklungsszenario sehr unwahrscheinlich ist.

Zwillingsgeburt oder Partnervermittlung?

Einander widersprechende Modelle sind kein Nachteil in der Wissenschaft, sondern sogar der Normalfall. Konkurrenz belebt das Geschäft, und die Forscher müssen ihre Hypothesen schärfen und mit ihnen Vorhersagen machen, die sich überprüfen lassen. Tatsächlich wird LIGO mit der Messung weiterer Gravitationswellen zwar nicht den Ursprung einzelner Signale wie GW150914 eindeutig klären können, aber doch bald zeigen, welches Entstehungsmodell das wahrscheinlichste ist.

Die meisten Experten tippen derzeit auf eine Zwillingsgeburt oder eine Partnervermittlung. »Es könnten auch beide Szenarien richtig sein«, sagt LIGO-Mitglied Bangalore S. Sathyaprakash von der Cardiff University in Wales. Aber dann bleibt immer noch die Frage, welches häufiger auftritt. Denn sehr wahrscheinlich beschreitet die Natur beide Wege. Doch da die bisherigen Abschätzungen der Häufigkeiten um rund einen Faktor 1000 variieren, ist es unplausibel, dass die Entstehungsraten ähnlich sind. Die von LIGO gemessenen Ereignisse sollten daher (überwiegend) von ein- und derselben Entstehungsart stammen.

Die Entscheidung lässt sich im Prinzip glücklicherweise relativ leicht, eindeutig und schnell fällen. Denn aus den Szenarien folgen verschiedene Konsequenzen – und somit Voraussagen, die mit künftigen Messungen überprüft werden können. Ein Hypothesentest betrifft die Massen der Schwarzen Löcher, ein anderer die Stärke und Richtung ihrer Rotationen (Spin genannt, eine Art Drehimpuls). Auch das zeigt den Wert der neuen Astronomie: Diese Daten lassen sich nämlich nur mithilfe von Gravitationswellen gewinnen, auf keine andere Weise.

Ein wichtiger Indikator für die Entstehungsgeschichte der beiden Schwarzen Löcher ist ihre Masse. Die Verteilung der Massen im Doppelstern-Szenario sollte statistisch breiter sein als im Kugelhaufen-Szenario. Das hat Moshpit-Fan Carl Rodriguez mit seinen Kollegen mit Computersimulationen abgeschätzt. Wenn LIGO etwa 100 Chirp-Massen bestimmt hat, müsste sich schon eine klare Tendenz zeigen.

Ein anderes Indiz wäre die Entdeckung Schwarzer Löcher mit über 50 Sonnenmassen vor der Kollision. Solche Ungetüme müssten in Kugelsternhaufen immer wieder entstehen, weil dort wohl auch nach und nach mehrere Schwarze Löcher zu einem verschmelzen. Bei isolierten Doppelsystemen hingegen sind solche Einzelmassen unwahrscheinlich, so eine Voraussage von Belczynskis Team 2014: Vermutlich können sich Schwarze Löcher zwischen 50 und 135 Sonnenmassen gar nicht durch einen kollabierenden Stern bilden. Entsprechend schwerere Vorläufersterne erzeugen nämlich aufgrund ihrer hohen Temperatur Elektron-Positron-Paare. Diese Teilchen führen Energie ab, was zu starken Sternwinden oder einer überaus heftigen Supernova führt und die Masse für den Kernkollaps zu einem Schwarzen Loch reduziert. Je nach Metallizität können die Riesensterne sogar thermonuklear völlig zerrissen werden, ohne dass ihr Zentrum in ein Schwarzes Loch oder einen Neutronenstern zusammenstürzt.

Weitere LIGO-Messungen werden hierzu Aufschlüsse geben – und somit auch zu Supernova-Mechanismen allgemein. Schon die nächsten zehn Entdeckungen könnten ausreichen, meinen Maya Fishbach und Daniel E. Holz von der University of Chicago. Denn LIGO ist für Kollisionen schwererer Schwarzer Löcher signifikant empfindlicher. (Paare mit je 50 Sonnenmassen würden 500-mal eher detektiert als solche mit je drei bei gleicher Distanz, und für Paare mit 150 Sonnenmassen wäre LIGO noch fünfmal sensitiver – noch gab es jedoch keine solche Entdeckung.)

Auch der Spin der Sternruinen vor der Kollision und des daraus resultierenden finalen Schwarzen Lochs ist verräterisch. Wenn die Schwarzen Löcher aus einem Doppelsternsystem stammen, wären ihre Spins meistens (aber nicht notwendig) gering und gleich ausgerichtet (parallel in einer Ebene) – anders als bei einer Genesis in Kugelsternhaufen. Dynamisch gebildete Paare Schwarzer Löcher drehen sich eher schnell und finden aus allen möglichen Himmelsrichtungen zusammen; weil ihre zufälligen Spins erhalten bleiben, ergäbe sich statistisch eine gleichförmige Spin-Verteilung um den Mittelwert 0 herum. (Paare primordialer Schwarzer Löcher würden auch zufällige Ausrichtungen ihrer Drehachsen besitzen, aber langsamer rotieren.) Bei der Zwillingsgeburt haben sich die Spins aufgrund von Gezeiten-Wechselwirkungen und Massetransfer hingegen mehr oder weniger angeglichen – vergleichbar mit zwei Kreiseln, die auf einer gemeinsamen Tischplatte rotieren und nicht wahllos im Raum.

Aus den LIGO-Messungen lässt sich besonders gut der sogenannte effektive Spin χ errechnen. Bei diesem Zahlenwert handelt es sich um die Vektorensumme der Spin-Komponenten der beiden Schwarzen Löcher in der Richtung ihres Orbits, gewichtet mit ihren Massen. Alles klar? Wohl nicht ... denn es ist eine abstrakte Größe, die man nur mathematisch nachvollziehen kann: $\chi = (m_1 a_1 \cos\theta_1 + m_2 a_2 \cos\theta_2)/(m_1 + m_2)$. Dabei steht m für die Massen der beiden Schwarzen Löcher, θ für den jeweiligen Winkel zwischen dem Spin eines Schwarzen Lochs und der Richtung des Drehimpulses seiner Bahnbewegung; und $a = cJ/Gm^2$ ist die Spin-Magnitude, die sich aus der Lichtgeschwindigkeit c, der Gravitationskonstante G sowie der Masse m und dem Drehimpuls J des jeweiligen Schwarzen Lochs ergibt.

Bislang sprechen die Daten für eher moderate Spins – langsamere Rotationen als bei den bekannten Röntgen-Doppelsystemen. (Dort haben die Schwarzen Löcher, soweit bekannt, rund 90 Prozent des maximalen Drehimpulses – und teils nicht parallel ausgerichtete Spins, was aber mit einem Stoß durch die Supernova erklärbar ist und nicht für die LIGO-Quellen gelten muss.) Zwei Schwarze Löcher mit großen Spins in derselben Richtung können sich vor der Kollision am nächsten kommen, was sich im Prinzip ebenfalls aus den Gravitationswellen erschließen lässt. Doch dazu sind die Daten noch viel zu ungenau.

Besser sieht es mit den effektiven Spins aus. Will M. Farr von der University of Birmingham in England hat mit seinen Kollegen 2017 im renommierten Fachjournal *nature* vorgerechnet, dass nicht Tausende von Messungen nötig sind, sondern sich mit vielleicht nur zehn weiteren Ereignissen bereits eine Entscheidung abzeichnen würde – was Anfang der 2020er-Jahre der Fall sein sollte. »Wir können viel tun mit wenigen Datenpunkten«, sagt er. »Unsere Studie hat ein Forschungsziel formuliert. Welche Frage man stellt, ist oft fast so wichtig zu wissen wie die Antwort darauf.«

Problematisch dabei ist, wie repräsentativ die Messungen wären. »Mit den Detektoren jetzt können wir nur die größten Kracher hören.« Farrs Kollege Ilya Mandel malt sich sogar bereits aus, wie es in einigen Jahren wäre, nostalgisch auf die gegenwärtige Pionierzeit mit den noch rudimentären Modellen zurückzublicken. Bislang lassen die Daten noch keine klare Tendenz erkennen, obwohl die geringen effektiven Spins wie besonders auch das dritte Signal GW170104 mit seinem eher negativen effektiven Spin für die dynamische Partnerfindung sprechen (eine ähnliche Ausrichtung wie bei der Zwillingsgeburt kann nur mit positiven effektiven Spins einhergehen). Krzysztof Belczynski und seine Kollegen sind aber nicht überzeugt: Der effektive Spin von GW170104 könne auch 0 sein und widerspreche den Simulationen nicht.

Kurzum: Noch ist die Spielwiese der Theoretiker reichhaltig. Aber das wird nicht so bleiben. Ob Zwillingsgeburt oder Partnervermittlung – die LIGO/Virgo-Forscher können es herausfinden. Schon der Nachweis weniger Schwarzer Löcher mit antiparallelen Spins und/oder um die 100 Sonnenmassen wäre ein vielsagendes Zeichen des Universums. Außerdem hat LIGO bereits exotische Alternativen zu Schwarzen Löchern wie Bosonen- und Gravasterne in Bedrängnis gebracht. Gäbe es sie, müssten sie bei einer Kollision doch zu einem Schwarzen Loch kollabieren (oder ihre heiße Materie würde Schwingungen unrealistisch stark dämpfen). Zudem haben etablierte modifizierte Gravitationstheorien den Nachteil, dass sie im Gegensatz zur Relativitätstheorie keine oder nur vage Aussagen darüber machen, was bei der Verschmelzung Schwarzer Löcher oder ähnlicher Himmelskörper genau geschieht und wie sich extrem starke, dynamische Gravitationsfelder und Objekte bei starken Krümmungen oder hohen Geschwindigkeiten verhalten.

Schwarze Löcher bleiben also die einfachste Erklärung. Doch vielleicht werden die Nachrichten von ihnen viel überraschender sein, als bislang gedacht ...

Schwarze Löcher aus dem Urknall

Cambridge ist nicht nur eine der schönsten Städte in Großbritannien, sondern auch einer der vorzüglichsten Plätze der Wissenschaft – nämlich nach der Harvard und Columbia University in den USA der Ort mit der höchsten Nobelpreisträger-Zahl: 95 seit 1904. Trotzdem sucht kaum ein Tourist die Wilberforce Road im westlichen Außenbezirk des beschaulichen Städtchens auf. Dabei befindet sich dort seit 2002 das Department of Applied Mathematics and Theoretical Physics der University of Cambridge, wo unter anderem Stephen Hawking forscht.

An der Nordostecke des neuen Campus steht der moderne Rundbau der Betty and Gordon Moore Library. Sie wurde von dem Intel-Mitgründer gefördert, der das Moore'sche Gesetz der Computerentwicklung formuliert hat, wonach sich die Komplexität integrierter Schaltkreise ungefähr alle 18 bis 24 Monate verdoppelt. Diese Fachbibliothek ist für wissenschaftsinteressierte Touristen ein lohnendes Ziel, denn sie beherbergt im ersten Stock eine kleine Hawking-Ausstellung, in der beispielsweise der kalifornische Gastwissenschaftler-Ausweis des berühmtesten Forschers der Gegenwart in einer Vitrine liegt.

Zwängt man sich durch die Regale in der Nähe, kann man die mit Schreibmaschine geschriebene und teils mit handschriftlichen Formeln versehene Dissertation von Bernard Carr durchblättern. Er war Hawkings erster Student, und er unterstützte als persönlicher Assistent den damals bereits schwer erkrankten Physiker. 1963 wurde bei Hawking Amyotrophe Lateralsklerose diagnostiziert, bei der die Degeneration der Nervenzellen, die für die Steuerung der Muskelbewegungen nötig sind, zu einer vollständigen Lähmung des Körpers führt. Als Hawking 1974 eine einjährige Gastprofessur am California Institute of Technology in Pasadena erhielt, begleitete ihn Carr.

Ein gutes Jahr später zurück in Cambridge, schloss Carr seine Dissertation bei Hawking ab. Sie steht in der Institutsbibliothek zusammen mit diversen anderen Promotionen, die Hawking betreut hat – die Autorenliste liest sich wie ein *Who is Who* der Theoretischen Physik. Carrs 165-seitiges Werk mit der Inventarnummer QB843.B55.C37 trägt den schlichten Titel *Primordial Black Holes* und wurde auf den 1. Oktober 1975 datiert. Der schwarz eingebundene Band ist die erste Monographie zu diesem damals völlig neuen und höchstspekulativen Thema: Schwarze Löcher, die nicht aus dem Kollaps ausgebrannter Sterne hervorgegangen sind, sondern bereits im ersten Sekundenbruchteil des Urknalls entstanden waren. Schon 1974 hatte Carr mit Hawking dazu einen ersten Fachartikel publiziert: *Black Holes in the early Universe*.

Heute ist Carr Professor für Physik und Astronomie an der Queen Mary University of London. Mit primordialen Schwarzen Löchern beschäftigt er sich immer noch, hat Dutzende von Forschungsartikeln darüber veröffentlicht sowie 2014 mit zwei anderen Astrophysikern ein Fachbuch. Trotzdem sind diese dunklen Objekte eine theoretische Spekulation geblieben. Doch das könnte sich jetzt ändern, denn möglicherweise hat der Gravitationswellendetektor LIGO die ersten ihrer Art aufgespürt. Mehr noch: Die urzeitlichen Schwerkraftfallen sind vielleicht so häufig, dass sie sogar gemeinsam hinter der ominösen Dunklen Materie im All stecken.

Mysteriöser Schattenstoff im All

Dass der sichtbare beziehungsweise elektromagnetisch wechselwirkende Stoff – hauptsächlich Protonen, Neutronen und Elektronen – nicht die gesamte Masse im Universum liefert, ist eine seit vielen Jahren gut etablierte Grundannahme im Standardmodell der Kosmologie. Dafür sprechen unter anderem die Bewegungen

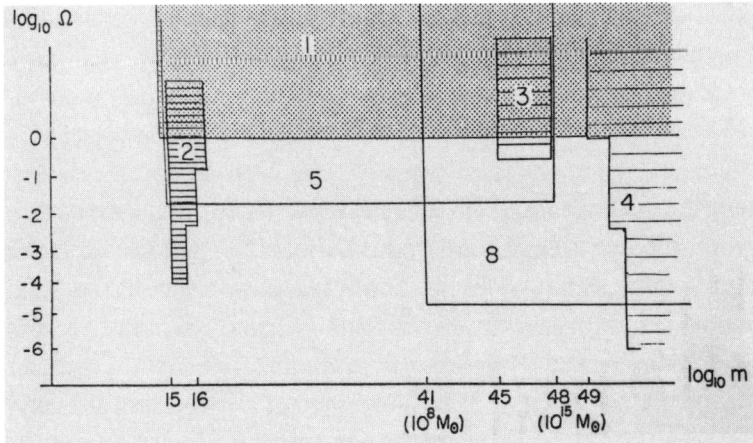

Historisches Dokument: Die erste Abschätzung der Dichte Ω primordialer Schwarzer Löcher im All, abhängig von ihrer Masse in Gramm. (Ω ist angegeben in Einheiten der Kritischen Dichte des Kosmos; ab diesem Wert würde das heute expandierende Universum künftig wieder in sich zusammenstürzen.) Das Diagramm hat logarithmische Koordinatenskalen und stammt aus der Dissertation von Bernard Carr vom Jahr 1975. Seither haben sich die astronomischen Grenzwerte und Methoden beträchtlich verbessert.

der Galaxien und Galaxienhaufen, die Verteilung der Temperaturschwankungen in der Kosmischen Hintergrundstrahlung und die Entwicklungsmodelle der kosmischen Strukturen. Nur etwa ein Sechstel der Masse im All setzt sich den astronomischen Beobachtungen zufolge aus Gas, Staub, Sternen, Planeten und so weiter zusammen. Über 80 Prozent sind nicht nur unsichtbar, sondern es ist sogar ausgeschlossen, dass sie aus gewöhnlicher Materie bestehen. Ansonsten wäre die Theorie von der primordialen Nukleosynthese falsch. Sie beschreibt die Entstehung der leichten Elemente in den ersten etwa 1000 Sekunden unseres Universums und ist durch zahlreiche Messungen und Modellrechnungen exzellent bestätigt.

Gegenwärtig wird die Existenz unbekannter Elementarteilchen als Erklärung für die Dunkle Materie favorisiert. Populär sind besonders die schweren WIMPs (Weakly Interacting Massive Particles) und die sehr leichtgewichtigen Axionen.

Zahlreiche Modelle der sogenannten Supersymmetrie postulieren beispielsweise spezielle Partnerteilchen zu den bekannten Elementarteilchen. Das leichteste dieser Partikel, Neutralino genannt, wäre stabil und ein idealer Anwärter für die WIMPs. Ein paar Dutzend Experimente fahnden bereits nach ihnen. Doch keines hat bislang Anzeichen für WIMPs im favorisierten Massenbereich gefunden – rund 10 bis 1000 Gigaelektronenvolt –, und Signaturen der Supersymmetrie sind am Teilchenbeschleuniger Large Hadron Collider (LHC) bei Genf entgegen optimistischer Erwartungen ebenfalls nicht aufgetaucht.

Auch das Postulat von extrem leichten Axionen (in der Größenordnung von Mikro- bis Millielektronenvolt) steckt in theoretischen Schwierigkeiten. Ihre Existenz sollte Erklärungsnöte bei der Beschreibung der Starken Kernkraft lösen, erfordert jedoch wahrscheinlich unnatürliche Feinabstimmungen der physikalischen Parameter, die man eigentlich gerade eliminieren wollte.

»Beide Hauptkandidaten für die Dunkle Materie, die von einer Erweiterung des Standardmodells der Elementarteilchenphysik kommen, das Axion und das WIMP, haben so große Probleme, dass wir uns nach Alternativen umsehen sollten«, sagt Paul H. Frampton von der University of North Carolina in Chapel Hill. »Primordiale Schwarze Löcher sind ausgezeichnete Kandidaten«, betont er schon seit Jahren.

Primordial, also urtümlich, müssen sie sein, weil stellare Schwarze Löcher aus gewöhnlicher Materie entstanden sind: als Endprodukte der Sternentwicklung. Diese Normalmaterie reicht gemäß der Theorie der primordialen Nukleosynthese aber bei Weitem nicht, um die hohe zusätzliche Zahl Schwarzer Löcher zu erzeugen, falls diese auch die Dunkle Materie stellen. Wären sie jedoch viel früher aus extremen Verdichtungen der Urmaterie entstanden, im ersten Sekundenbruchteil nach dem Urknall, dann würden sie nicht in die normale Materie-Bilanz eingehen. Zwar ist ihr Bildungsprozess spekulativ, doch falls sie existieren, bräuchte man keine neuen exotischen Elementarteilchen als Erklärung – ein großer Vorteil. »Es gibt zwar keinen definitiven Hinweis auf die Existenz primordialer Schwarzer Löcher, aber sie böten eine einzigartige Möglichkeit, den Beginn des Universums zu verstehen«, sagt Bernard Carr.

Urtümliche Gravitationszentren aus dem Chaos

Dass Schwarze Löcher sofort nach dem Urknall entstanden sein sollen, erscheint auf den ersten Blick kurios, gab es damals doch keine Sterne, deren ausgebrannte Kerne kollabieren konnten. Und die Verteilung von Materie und Energie war zudem sehr gleichförmig, wie sich aus der Homogenität der 380.000 Jahre später entstandenen Kosmischen Hintergrundstrahlung heute noch schließen lässt, die Temperaturschwankungen von lediglich ein paar 100.000stel Grad aufweist. Allerdings könnte der erste Sekundenbruchteil des Universums wesentlich turbulenter verlaufen sein, als es die einfachsten Modelle nahe legen.

Für die Bildung primordialer Schwarzer Löcher sind zwei Voraussetzungen nötig: eine hohe Dichte und starke Inhomogenitäten. Die erste Bedingung war im Urknall erfüllt (noch eine Millisekunde später entsprach die Dichte des Alls der eines Protons); die zweite ist nicht erwiesen. Doch verschiedene physikalische Szenarien erlauben einen Gravitationskollaps in solchen Dichteschwankungen. Beliebt sind die Modelle der Kosmischen Inflation – eine noch hypothetische Phase einer enormen anfänglichen Aufblähung des Weltraums, bei der zwei Punkte, die weniger als ein Atomradius voneinander entfernt waren, binnen 10^{-35} Sekun-

Exkurs

Gold von Schwarzen Löchern

Ob die Dichteschwankungen im ersten Sekundenbruchteil des Urknalls groß genug waren, dass sich daraus Schwarze Löcher gebildet haben, ist unklar. Wenn das jedoch geschehen ist, könnten sie später einen Teil der schweren Elemente wie Gold, Platin und Uran erzeugt haben. Zu dieser überraschenden Schlussfolgerung gelangten Astrophysiker um George Fuller von der University of California in San Diego. Die schwersten Elemente entstehen nämlich nicht bei Kernverschmelzungsprozessen in den Sternen, sondern allenfalls bei Supernovae und den Kollisionen von Neutronensternen. Fuller und sein Team haben vorgeschlagen, dass winzige primordiale Schwarze Löcher, die in einen Neutronenstern geraten sind und diesen gleichsam von innen her auffraßen, dafür gesorgt haben, dass Millisekunden vor seinem Ende genug neutronenreiche Materie von der Sternruine ins All entwichen ist, um daraus die schweren Elemente zu bilden. Das würde auch verschiedene astronomische Beobachtungen erklären – etwa den Mangel an solchen Elementen in Zwerggalaxien und ominöse Explosionen im All wie Kilonovae und Fast Radio Bursts.

den um vielleicht vier Lichtjahre auseinandergerissen wurden. Dabei wurden auch Quantenfluktuationen verstärkt, die zu Schwarzen Löchern kollabieren konnten (im unwahrscheinlichsten Fall bis zu 100 Billiarden Sonnenmassen). Dafür gibt es verschiedene Erklärungsmodelle (abhängig von dem Potenzial des Skalarfelds, das die Inflation antrieb, oder spekulativen Entitäten wie Q-Bälle und Axionen). Auch bei Phasenübergängen, etwa im Zusammenhang mit der Aufspaltung der Naturkräfte (»Symmetriebrechungen«), können sich Schwarze Löcher bilden: aus dem Kollaps von Störungszonen, beispielsweise Kosmischen Strings oder Domänengrenzen. Vielleicht sind sogar ganze Universen – genauer: »Blasen« mit verschiedenen Vakuumzuständen – kollidiert und haben dabei die primordialen Schwerkraftzentren erzeugt.

Das alles muss im ersten Sekundenbruchteil unseres Weltraums geschehen sein. Je später, desto massereicher wären die Schwarzen Löcher geworden: Ihre Masse ist im einfachsten Fall proportional zu c^3t/G; dabei steht c für die Lichtgeschwindigkeit, G für die Gravitationskonstante und t für die Zeit nach dem Urknall. Eine Planck-Zeit (10^{-43} Sekunden) danach wären Schwarze Löcher mit nur einem Hunderttausendstel Gramm entstanden, eine Sekunde später hätten sie bereits 100.000 Sonnenmassen gewogen. »Primordiale Schwarze Löcher können ein Fenster zur Endphase der Inflation öffnen und ultrahohe Energien der fundamentalen Physik erschließen, die für Teilchenbeschleuniger völlig unzugänglich sind«, sagt Juan García-Bellido von der Universität Madrid, der ein paar der Kollapsmodelle mitentwickelt hat.

Vielleicht prägten die urtümlichen Schwerkraftfallen später noch Spuren in die Kosmische Hintergrundstrahlung ein. Weil sie schon früh Materie aus der Umgebung verschlangen, hätten sie durch die dabei entstandene Hitze die Spektraleigenschaften der Strahlung geringfügig verändert. Das könnten künftig Weltraumteleskope messen, etwa die angestrebten Raumsonden PIXIE (Primordial Inflation Explorer) oder PRISM (Polarized Radiation Imaging and Spectroscopy Mission).

Hat LIGO die Dunkle Materie entdeckt?

Viele Massenbereiche für die mutmaßlichen Urzeitrelikte sind durch astronomische Messungen inzwischen ausgeschlossen. Doch nicht alle. »Es gibt noch einen erlaubten Bereich, und die erste LIGO-Quelle liegt genau darin«, betont Simeon Bird von der Johns Hopkins University. Das Gravitationswellensignal GW150914 stammt von der Kollision zweier Schwarzer Löcher mit ungefähr 30 Sonnenmassen. Diese Masse ist ungewöhnlich groß für stellare Schwarze Löcher, die in der Regel fünf bis 15 Sonnenmassen besitzen. Selbst aus dem Kollaps der ausgebrannten Kerne von über 250 Sonnenmassen schweren Riesensternen, die es wohl im sehr jungen Universum gegeben hat, können Schwarze Löcher mit 30 Sonnenmassen nicht ohne weiteres entstehen, weil die Riesensterne einen Großteil ihrer Materie ins All schleudern.

Doch vielleicht waren es gar keine herkömmlichen Schwerkraftfallen, deren Kollision LIGO gemessen hat, sondern Gebilde aus der Anfangszeit des Universums. Genau dies vermutet Bird. Dazu hat er 2016 eine ausführliche Studie mit mehreren Kollegen publiziert; darunter sind prominente Forscher wie Marc Kamionkowski und der Physik-Nobelpreisträger Adam G. Riess.

Primordiale Schwarze Löcher entstehen nicht in Paaren, doch sie können zu solchen werden. Falls sich zwei von ihnen in geringer Distanz begegnen, dann strahlen sie nämlich Gravitationswellen ab und bilden aufgrund ihres Verlusts an Bewegungsenergie zuweilen ein Binärsystem – umkreisen sich also gegenseitig. Zwar kann die Wahrscheinlichkeit der Bildung solcher Paare nur schwer beurteilt werden. Ihre Zeit t bis zur Kollision hingegen lässt sich grob berechnen: $t \approx a^4 (1 - e^2)^{7/2} (Gm)^{-3}/100$, wobei G die Gravitationskonstante, e die Bahnexzentrizität, a die große Halbachse und m die Masse der Schwarzen Löcher bezeichnen. Diese emittieren dabei weiter Gravitationswellen und nähern sich einander immer mehr an, bis sie schließlich verschmelzen.

Wie oft das passiert, haben Bird und seine Kollegen abgeschätzt. Die Häufigkeit, so ihre Schlussfolgerung, stimmt gut mit der Hochrechnung des LIGO-Teams überein. Demnach kommt es zu einem Ereignis wie GW150914 etwa zwei bis 53 – beziehungsweise nach den neuesten Abschätzungen zwölf bis 213 – Mal pro Kubikgigaparsec und Jahr. (Ein Gigaparsec entspricht 3,26 Milliarden Lichtjahren.) Jede Herkunftshypothese darf nicht wesentlich weniger oder mehr Kollisionen prognostizieren.

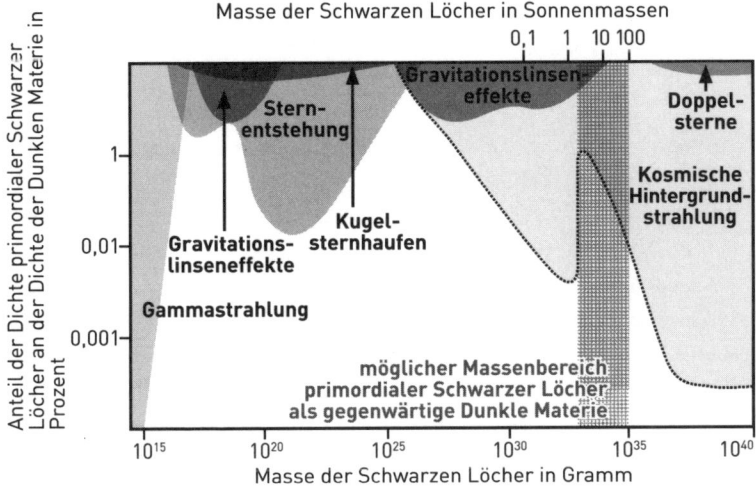

Masse der Schwarzen Löcher in Sonnenmassen

Masse der Schwarzen Löcher in Gramm

Astronomische Grenzen: Schwarze Löcher sind möglicherweise sofort nach dem Urknall in großer Zahl entstanden und bevölkern bis heute den Weltraum. Allerdings ist ihr Massenbereich durch viele astronomische Beobachtungen inzwischen stark eingeschränkt (graue Bereiche oben in der Grafik). Sehr kleine Schwarze Löcher (unter 10^{15} Gramm) hätten sich durch Quanteneffekte entweder schon aufgelöst oder die Entstehung der leichten Elemente beeinflusst (wären sie leichter als 10^{13} Gramm gewesen) oder müssten so viel Hawking-Strahlung emittieren, dass diese Gammastrahlen von Teleskopen bereits aufgespürt worden wären. (Einst 10^{16} Gramm schwere Schwarze Löcher würden gegenwärtig zerstrahlen, vorwiegend bei Energien um 100 Megaelektronenvolt). Schwerere primordiale Objekte hätten viele Gravitationslinsen-Effekte erzeugt, die Bahnen von Sternen gestört oder Neutronensterne in Kugelsternhaufen verschlungen – was ebenfalls nicht beobachtet wurde. Vielleicht hätten sie auch eine Art Abdruck in der Kosmischen Hintergrundstrahlung hinterlassen (rechts), doch dessen Stärke ist umstritten. Noch sind bestimmte Massen vielversprechend (senkrechter Streifen). Und die Messungen von Gravitationswellen lassen es möglich oder sogar plausibel erscheinen, dass primordiale Schwarze Löcher mit solchen Massen zu den Quellen der Signale gehören.

Es hängt von den Modell-Annahmen ab, ob sich solche Binärsysteme eher früh im Universum bilden, relativ weit entfernt und

Exkurs

Explodierende Schwarze Löcher

Stephen Hawking hat 1974 entdeckt, dass sich Schwarze Löcher, die nichts verschlucken, aufgrund von Quanteneffekten auflösen. Diese Hawking-Strahlung hat eine Temperatur von $T = \hbar c^3/8\pi Gmk_B$ oder ungefähr $10^{-7}(m/M_\odot)^{-1}$ Kelvin mit einem Intensitätsmaximum bei der Wellenlänge $\lambda \approx 16r_S$ ($\hbar$ ist das reduzierte Planck'sche Wirkungsquantum, c die Lichtgeschwindigkeit, G die Gravitationskonstante, k_B die Boltzmann-Konstante, m die Masse des Schwarzen Lochs, r_S sein Schwarzschild-Radius $r_S = 2Gm/c^2$ und $M_\odot$ die Masse der Sonne). Diese Temperatur ist schon bei einem Tausendstel Millimeter kleinen Schwarzen Loch beträchtlich; es wiegt so viel wie der Mond (rund 10^{22} Kilogramm). Schwarze Löcher von der Größe eines Protons haben die Masse eines kleinen Bergs (etwa eine Milliarde Kilogramm) und sind eine Milliarde Grad Celsius heiß. Sie emittieren nicht nur Photonen, sondern auch Elektronen und Positronen. Ein Schwarzes Loch von einer Sonnenmasse dagegen besitzt eine Temperatur von lediglich einem Millionstel Kelvin – es würde gegenwärtig aber nicht strahlen, weil die Umgebungstemperatur des Weltalls viel höher ist (drei Kelvin oder –270 Grad Celsius). Doch in ferner Zukunft, wenn das immer weiter expandierende Weltall fast maximal erkaltet ist, werden alle stellaren und selbst die supermassereichen Schwarze Löcher verdampfen – in etwa 10^{67} bis 10^{100} Jahren. Die Zeitskala der Verdampfung beträgt ungefähr $t \approx 5120\pi G^2m^3/\hbar c^4 \approx 10^{64}\,(m/M_\odot)^3$ Jahre.

Mikroskopisch kleine Schwarze Löcher von 10.000 Tonnen (und einer Temperatur von umgerechnet 1 Teraelektronenvolt) explodieren also rasch, innerhalb von nur 1000 Sekunden und emittieren auch Myonen, Pionen und sogar Quark- und Gluonen-Jets. Dabei wird in ihrer letzten Sekunde so viel Energie freigesetzt wie von den stärksten Atombomben (mit einer Sprengkraft von mehreren Millionen Megatonnen TNT-Äquivalenten). Solche primordialen Schwarzen Löcher hätten noch die Nukleosynthese beeinflusst, sodass weniger leichte Elemente wie Helium entstanden wären, als es heute gibt. (Bei einer Lebensdauer von weniger als 0,01 Sekunden hätten sie keine derart nachweisbaren Effekte hinterlassen.) Schwarze Löcher, die gegenwärtig verdampfen würden, müssten ur-

Helle Finsterlinge: Sind primordiale Schwarze Löcher klein genug, explodieren sie aufgrund von Quanteneffekten (Illustration). Beträgt die Masse eines Minilochs weniger als 10^{15} Gramm, emittiert es Gammastrahlung. Nach solchen Strahlungsausbrüchen haben Astronomen bereits gesucht – bislang vergeblich. Schwarze Löcher aus dem Urknall (oder deren Überbleibsel, wenn es sie gäbe) könnten gegenwärtig die Dunkle Materie im All bilden, falls sie in großer Zahl existieren.

sprünglich eine Masse von 500 Millionen Tonnen besessen haben und rund 10^{-23} Sekunden nach dem Urknall entstanden sein. Wahrscheinlich lösen sich die Objekte vollständig in Strahlung auf. Es ist aber bislang nicht völlig ausgeschlossen, dass winzige Relikte von der Größenordnung einer Planck-Masse ($\hbar c/G)^{1/2} = 2{,}2 \cdot 10^{-5}$ Gramm) übrig bleiben, die dann je nach Anzahl heute einen mehr oder weniger großen Teil der Dunklen Materie im All bilden würden.

langsam umeinander kreisen und somit lange bis zur Verschmelzung brauchen – oder ob die Schwarzen Löcher überwiegend spät Duos formen und dann rasch kollidieren. Die beiden Möglichkeiten schließen sich nicht gegenseitig aus, die erste dürfte aber dominieren (und die Wahrscheinlichkeit, dass weite Paare durch den Schwerkrafteinfluss vorüberziehender Sterne getrennt werden, liegt Abschätzungen zufolge signifikant unter einem Prozent). In beiden Fällen sollte die Kollisionsrate zur Extrapolation der LIGO-Daten passen, mit denen man die Häufigkeit der Signale in einem bestimmten Volumen hochrechnet. Genaueres müssen künftige Messungen zeigen. »Somit ist es möglich, dass LIGO die Dunkle Materie aus primordialen Schwarzen Löchern entdeckt hat«, schreiben Bird und seine Kollegen.

Eine unabhängige, nur zwei Wochen später veröffentlichte Studie von Sébastien Clesse, Universität Aachen, und Juan García-Bellido, Universität Madrid, kam zu einem ganz ähnlichen Ergebnis. Die beiden Physiker entwickelten 2015 ein Modell, wonach die Dichtefluktuationen im Urknall nicht schmale Spitzen hatten, wie zuvor angenommen, sondern ein breites Maximum. Dann wären Schwarze Löcher in einem weit gestreuten Bereich zwischen einem Hundertstel und dem 10.000-Fachen der Sonnenmasse entstanden. Die schwereren wären zu den Keimen der supermassereichen Schwarzen Löcher geworden, die leichteren (teils in Paaren) zur Dunklen Materie heute; sie würden einige Hundert Lichtjahre große Ansammlungen bilden, die der Verteilung sehr lichtschwacher Zwerggalaxien entsprächen. Damit ließe sich auch ein fast zwei Jahrzehnte altes Problem lösen, meinen Clesse und García-Bellido: das Rätsel der fehlenden Zwerggalaxien. Computersimulationen von der Entwicklung der Galaxienhaufen im Netzwerk der Dunklen Materie sagen nämlich die Existenz einer großen Zahl an Zwerggalaxien in Galaxiengruppen voraus – doch Astronomen fanden nur wenige Dutzend von ihnen. Falls die Dunkle Materie tatsächlich aus primordialen Schwarzen Löchern besteht, hätten diese das meiste Gas in ihrer Umgebung verschlungen, sodass sich hier kaum mehr Sterne bilden konnten, und viele vorhandene Sterne auch noch davon geschleudert. Zwerggalaxien mit weniger als 10 Millionen Sonnenmassen würden dann gar nicht fehlen, sondern wären häufig vorhanden – aber mangels Sternen schlicht unsichtbar.

Dass die Abschätzungen der LIGO-Forscher und der beiden Astrophysiker-Teams so gut übereinstimmen, ist natürlich kein hartes Indiz. Viele Kollegen sind skeptisch, zum Beispiel Peter Mészáros von der Pennsylvania State University. »Es ist ein Plausibilitätsargument, das sich gegenwärtig nicht widerlegen lässt«, räumt er jedoch ein. Einige Astronomen meinen allerdings, die diversen Beobachtungsdaten lassen schon jetzt wenig Spielraum dafür, dass primordiale Schwarze Löcher mit vielen Sonnenmassen die ganze Dunkle Materie bilden. Anne M. Green von der University of Nottingham hat beispielsweise abgeschätzt, dass man sonst mehr stellare Mikrogravitationslinsen-Effekte gemessen hätte, als tatsächlich geschehen: Die Schwarzen Löcher würden nämlich hin und wieder vor Sternen weit im Hintergrund vorüberziehen und dabei ihr Licht ablenken und kurzfristig wie eine Linse bündeln. Solche charakteristischen Helligkeitszunahmen können im Rahmen der Relativitätstheorie genau berechnet werden, sind aber bislang trotz systematischer Suche nur selten beobachtet worden (und dann waren die Gravitationslinsen Planeten und Braune Zwergsterne). Freilich sind solche Hochrechnungen bislang noch mit vielen Unsicherheiten verbunden, und die Massenverteilung der mutmaßlichen primordialen Finsterlinge ist auch ungewiss.

Doch selbst wenn primordiale Schwarze Löcher nur einen kleinen Teil der Dunklen Materie bilden, weniger als drei Prozent, könnten sie komplett alle bisherigen LIGO-Messungen erklären. Das ergab eine Abschätzung von Martti Raidal und zwei Kollegen aus Tallinn in Estland. Diese Hypothese lässt sich auch relativ rasch überprüfen, so die Forscher. Denn Paare urtümlicher Schwarzer Löcher, falls sie existieren, würden durch ihre Umkreisung und Verschmelzung einen charakteristischen stochastischen Gravitationswellenhintergrund erzeugen – also die Summe aller nicht einzeln auflösbaren Signale im Universum beeinflussen. Dieses »Grundrauschen« wäre so stark, dass LIGO es bereits in den kommenden Jahren messen kann. (Für den von Schwarzen Löchern über 100 Sonnenmassen erzeugten Hintergrund sind allerdings Detektoren im Weltraum nötig, etwa die geplante LISA-Mission.) Die Rechnungen zeigten zudem, dass bis heute höchstens ein Prozent der hypothetischen primordialen Schwarzlochmaterie in Gravitationsstrahlung umgewandelt worden sein konnte. (Gegenwärtig würden diese Gravitationswellen dann etwa 0,0001 Prozent der Gesamtenergiedichte des Universums ausmachen.)

Auch Ely D. Kovetz von der Johns Hopkins University in Baltimore ist davon überzeugt, dass LIGO bald den Gravitationswellenhintergrund urtümlicher Schwarzer Löcher registrieren wird, falls diese häufig sind. Wenn alles nach Plan verläuft, müsste sich schon bis 2022 zeigen, ob sie mehr als 50 Prozent der von Astronomen postulierten Dunklen Materie ausmachen.

Und es gibt noch mehr Möglichkeiten, um die Hypothese zu testen, dass primordiale Schwarzen Löcher die Dunkle Materie bilden: So entspricht die Verteilung der Dunklen Materie nicht genau der Verteilung der sichtbaren. Bei einer guten Lokalisierung der Gravitationswellensignale müssten sich diese im Vergleich zu gewöhnlichen Schwarzen Löchern aus dem Sternkollaps daher seltener in oder bei leuchtkräftigen Galaxien aufspüren lassen, sagt Bird. Auch müssten urtümliche Schwarze Löcher meist elliptischere Orbits als stellare Schwarze Löcher haben. Das wird

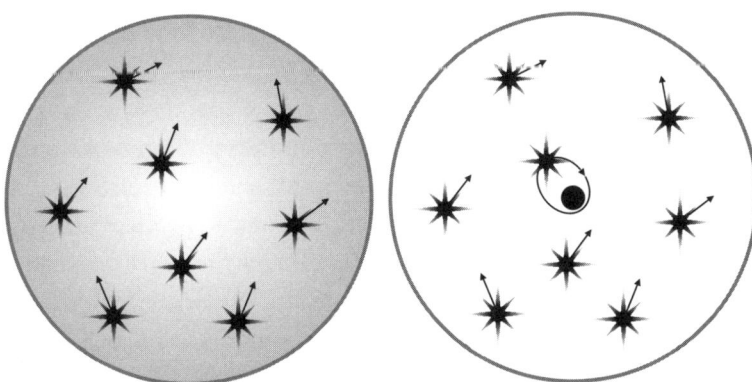

Verräterische Bewegungen am Himmel: Besteht die Dunkle Materie aus unbekannten Elementarteilchen, sind diese über große Volumina gleichförmig verteilt (links). Das hat keinen Einfluss auf die lokale Eigenbewegung der Sterne. Die Dichte der Dunklen Materie in der Umgebung der Sonne wird auf knapp 0,01 Sonnenmassen pro Kubikparsec geschätzt (ein Parsec sind 3,26 Lichtjahre). Besteht die Dunkle Materie aus primordialen Schwarzen Löchern von etwa 50 Sonnenmassen, hätten diese zueinander typischerweise einen Abstand von etwa 40 Parsec (130 Lichtjahre). Ein Volumen mit diesem Durchmesser enthält in der Milchstraße über 30.000 Sterne, die durchschnittlich ein Parsec voneinander entfernt sind. Daher müssten sich solche Schwarzen Löcher indirekt bemerkbar machen, weil sie die Eigenbewegung einiger dieser Sterne beeinflussen würden (Beispiel rechts). Das kann mit dem Astrometrie-Satelliten Gaia gemessen werden.

sich mit künftigen Messungen von Gravitationswellensignalen überprüfen lassen, wie der Astrophysiker in einer weiteren Publikation vorrechnete. Auch die Ausrichtung der Rotationsachsen kann ein Hinweis sein: Im Gegensatz zu stellaren Schwarzen Löchern als Kollapsprodukte von gewöhnlichen Doppelsternen, deren Spins überwiegend parallel zueinander sind, haben Paare primordialer Löcher zufällig verteilte Spins. (Die einzelnen Objekte entstanden ohne signifikanten Drehimpuls, haben später jedoch einen erworben durch die Einverleibung von Materie oder die Verschmelzung mit anderen Schwarzen Löchern.) Misst LIGO künftig also Kollisionen von Schwarzen Löchern mit überwiegend parallelen Spins, spricht das gegen die Ungetüme aus der Urzeit. (Das Gegenteil ist kein klares Indiz für sie, weil auch Paare stellarer Schwarzer Löcher, die sich durch nahe Begegnungen in Sternhaufen zusammengefunden haben, zufällig verteilte Drehachsen aufweisen.) Primordiale Schwarze Löcher hätten zudem eine andere Massenverteilung – nämlich einen signifikanten Überschuss von Exemplaren um die 30 Sonnenmassen. »Außerdem sollten bei Verschmelzungen primordialer Schwarzer Löcher keine elektromagnetische Strahlung und keine Neutrinos freigesetzt werden«, betont Bird – bei der Kollision stellarer Schwarzer Löcher ist das nicht so eindeutig.

Juan García-Bellido hat noch weitere astronomisch überprüfbare Voraussagen gemacht: So hätten primordiale Schwarze Löcher die Reionisierung der Materie im frühen Universum erhöht (was hochempfindliche Radioobservatorien der nächsten Generation messen können), weil die beim Materiefraß freigesetzte energiereiche Strahlung Elektronen aus den Atomen im Gas der Umgebung herausschlägt. Und die Schwarzen Löcher hätten durch ihre Gravitation die Bildung der Galaxien und Galaxienhaufen etwas beschleunigt und waren vielleicht auch die Keime der intermediären und supermassereichen Schwarzen Löcher heute. Eine Population primordialer Schwarzer Löcher würde auch ferne Sternexplosionen im Hintergrund heller und länger leuchten lassen (ein als Femtolensing bezeichneter Gravitationslinsen-Effekt). Ferner würden alle Halos aus Dunkler Materie und somit die Zwerggalaxien Schwarze Löcher im Zentrum beherbergen. Außerdem müssten aufgrund naher Begegnungen mehr Sterne zerstört worden sein und entsprechende Röntgenquellen und sogenannte Mikroquasare existieren, als wenn es ausschließlich gewöhnliche stellare Schwarze Löcher gäbe. Auch würden sich die primordialen Finsterlinge indirekt verraten, indem sie die Bewegung von Sternen in ihrer Umgebung beeinflussen. Der Astrometrie-Satellit Gaia, der gegenwärtig äußerst präzise die Positionen und Helligkeiten von 1,1 Milliarden Sternen in der Milchstraße vermisst, könnte solche Anomalien entdecken. Ein definitiver Nachweis der Schwerkraftrelikte aus dem Urknall schließlich wäre es, wenn man Schwarze Löcher mit weniger als einer Sonnenmasse fände – solche können nämlich nicht durch den Kollaps eines ausgebrannten Sterns entstehen.

Genug Schwarze Löcher aus dem Urknall vorausgesetzt, würden sie sich auch durch charakteristische kurze Emissionen (»bursts«) von Gravitationswellen verraten, wenn sie dicht aneinander vorbeifliegen. Ein solches Aufblitzen oder, besser, Aufschrillen würde nur Millisekunden dauern, wäre aber noch in einigen Milliarden Lichtjahren nachweisbar. Das haben Juan García-Bellido und Savvas Nesseris von der Universität Madrid berechnet: »Es sind einzigartige Signaturen, die ein starkes Indiz für primordiale Schwarze Löcher in Haufen wären und sich stark unterscheiden von Gravitationswellen, die bei der immer engeren Umkreisung stellarer Schwarzer Löcher entstehen.« Je nach Masse, Distanz, Geschwindigkeit und Bahnexzentrizität der Körper könnte LIGO ein paar solcher Ereignisse jährlich aufspüren – oder hat es vielleicht sogar schon, doch wurden entsprechende Auffälligkeiten in den Daten bislang als Rauschen interpretiert.

Infrarote Indizien

Primordiale Schwarze Löcher könnten noch weitere Spuren hinterlassen haben und sich somit indirekt verraten. Das würde – neben dem Problem der Dunklen Materie – sogar ein weiteres Weltraum-Rätsel lösen. Darauf hat Alexander Kashlinsky 2016 hingewiesen. Der Astrophysiker am Goddard Space Flight Center der NASA in Greenbelt, Maryland, ist ein Experte für den Kosmischen Infrarothintergrund. Diese Wärmestrahlung überall am Himmel stammt hauptsächlich aus dem sehr jungen Universum – von Galaxien, die zu lichtschwach sind, um als einzelne Objekte in den Teleskopen aufzuscheinen. (Das hat nichts mit dem Kosmischen Mikrowellenhintergrund zu tun, der in der viel früheren Epoche entstand, 380.000 Jahre nach dem Urknall, als der Weltraum durchsichtig wurde.)

Im Jahr 2005 hat das Spitzer-Weltraumteleskop der NASA den Infrarothintergrund im Bereich von zwei bis fünf Mikrometer an einem Teil des Himmels genau untersucht und charakteristische Temperatur- beziehungsweise Intensitätsschwankungen registriert. Sie wurden durch weitere Messungen bestätigt, auch durch das 2006 gestartete japanische Infrarot-Weltraumteleskop Akari (ASTRO-F). Kashlinsky erkannte, dass die Irregularitäten im Infrarothintergrund stärker sind, als es Modellrechnungen erwarten lassen. Das Leuchten der ersten Sterne und Galaxien im All würde demnach nicht ausreichen, um die Daten vollständig zu erklären.

2013 entdeckte Kashlinsky außerdem, dass die Unregelmäßigkeiten des vom Chandra-Satelliten gemessenen Kosmischen Röntgenhintergrunds teilweise denen des Infrarothintergrunds entsprechen. Diese – statistisch noch etwas umstrittene – Korrelation ist überraschend. Denn die ersten Sterne leuchteten nur im Ultraviolett und sichtbaren Licht (weshalb ihre Strahlung aufgrund der Ausdehnung des Weltraums inzwischen ins Infrarote verschoben ist), nicht aber im Röntgenbereich.

Kashlinsky zufolge lassen sich die Befunde verstehen, wenn man die Existenz zahlreicher primordialer Schwarzer Löcher annimmt. In diesem Fall wäre die mit dem Infrarothintergrund korrelierte Röntgenstrahlung freigesetzt worden, als die Schwarzen Löcher das Gas aus Wasserstoff und Helium in ihrer Umge-

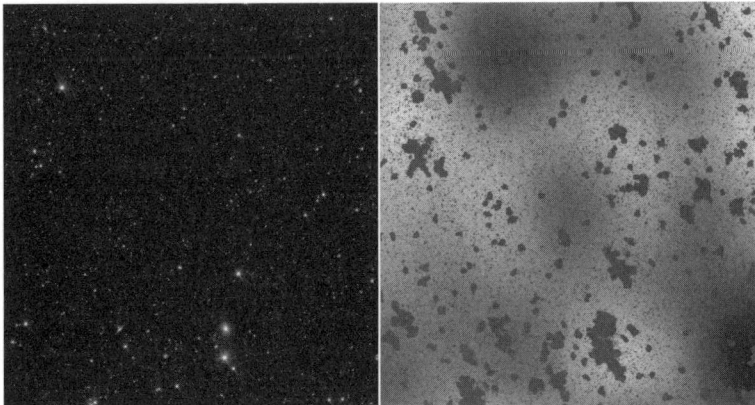

Uralte Strahlung: Der Kosmische Infrarothintergrund im Sternbild Bootes, aufgenommen vom Spitzer-Weltraumteleskop bei 3,6 Mikrometer Wellenlänge. Die viel helleren Sterne und Galaxien im Vordergrund (links) sind herausgerechnet (dunkelgraue Flecken rechts), um die Wärmestrahlung sichtbar zu machen (stark kontrastverstärkt rechts). Der größte Betrag stammt von Sternen und Galaxien aus der Anfangszeit des Alls. Ein Teil könnte jedoch durch die Wirkung primordialer Schwarzer Löcher entstanden sein. Dafür spricht auch, dass die intensivsten Bereiche (hellgrau) mit einer höheren Intensität des Röntgenhintergrunds an denselben Stellen korrelieren.

bung verschlangen. Dabei wurde es oft so stark erhitzt, dass es vor dem Sturz in den Abgrund einen elektromagnetischen Todesblitz ausstieß, der heute noch durchs All geistert. Kurzum: Schwarze Löcher aus der Urzeit sind laut Kashlinsky die Quelle der überschüssigen Infrarot- und Röntgenstrahlung.

»Das Argument ist nur gültig, wenn die primordialen Schwarzen Löcher heute die meiste oder sogar die gesamte Dunkle Materie ausmachen, aber dann ist es zwingend«, meint Kashlinsky. »Wenn das stimmt, dann sind alle Galaxien, auch unsere eigene, in eine riesige Sphäre aus Schwarzen Löchern eingebettet.« Jedes hätte ungefähr 30 Sonnenmassen – so wie beim ersten Gravitationswellensignal GW150914, das LIGO erhascht hat. Kashlinsky hält es daher für plausibel, dass LIGO bereits Licht auf die finstere Seite der Natur geworfen hat und die Dunkle Materie im Universum wissenschaftlich erhellt. Seinen Abschätzungen zufolge sollten die primordialen Schwarzen Löcher so häufig sein, dass sie mindestens ein Fünftel aller Quellen des Kosmischen Infrarothintergrunds ausmachen.

Ob die Hypothese richtig ist, werden weitere astronomische Messungen klären müssen. Die Chancen dafür stehen gut: Zahlreiche Wissenschaftler und Ingenieure arbeiten zurzeit am europäischen Satellitenteleskop Euclid. Es wird frühestens 2020 starten und in der Lage sein, einen Teil der kosmischen Infrarotquellen zu identifizieren. Kashlinsky leitet die entsprechende Forschungsgruppe hierzu.

Klar ist: Schwarze Löcher aus dem Urknall, wenn sie überhaupt existieren, sind scheue Gesellen, die sich nicht leicht verraten oder von selbst ans Licht treten. Doch davon lässt sich Bernard Carr nicht beirren. Er wusste von Anfang an, dass man für diese Art von Forschung einen langen Atem braucht. Und als zeitweiliger Präsident der Cambridge University Buddhist Society hat er gelernt, beim Meditieren auf seinen Atem zu achten.

Relativitätstheorie im Test

Gravitationswellen sind nicht nur eine Voraussage der Allgemeinen Relativitätstheorie, sondern umgekehrt auch ein idealer Testfall für starke Gravitationsfelder. Im Prinzip kann LIGO winzige Abweichungen von den Vorhersagen der Theorie messen, falls es solche gibt. So sind Einsteins Gravitationswellen in allen Wellenlängen gleich schnell, das heißt nicht dispersiv. Alternative Gravitationstheorien erlauben dagegen Unterschiede. Das ist ähnlich wie beim Licht, das in einem Medium je nach Wellenlänge ver-

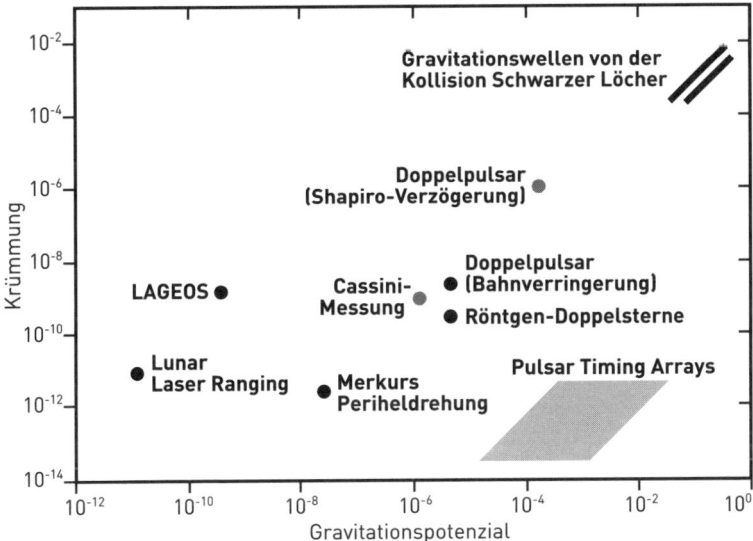

Physik-Prüfungen: Zahlreiche Messungen im Sonnensystem und durch astronomische Beobachtungen ferner Quellen haben die Gültigkeit der Allgemeinen Relativitätstheorie über viele Größenordnungen hinweg getestet – bislang ohne jede fatale Abweichung! Im Diagramm dargestellt sind die Testregimes für Krümmungen und Beschleunigungen (grau: nur Krümmungen) – und zwar abhängig vom Gravitationspotenzial (Masse pro Länge; hier in normierten dimensionslosen Einheiten) und der Raumzeit-Krümmung (Wurzel aus Masse pro Länge³ als inverse Längenskala in 1/Kilometer). Messungen der Mondentfernung (Lunar Laser Ranging) und des irdischen Gravitationsfelds (mit den LAGEOS-Satelliten) können lediglich schwach relativistische Bereiche ausloten. Dagegen erlauben es Gravitationswellen, und nur diese, die Theorie bei den extremsten Bedingungen auf den Prüfstand zu stellen (indirekt künftig mithilfe von Pulsaren, rechts unten, oder direkt mit den Messungen von LIGO, die ersten beiden rechts oben). Bislang haben Albert Einsteins Gleichungen alle Härtetests bravourös bestanden.

schieden schnell sein kann – deshalb wird weißes Licht in einem Glasprisma in die Regenbogenfarben aufgespalten. Wenn die Raumzeit nicht vollkommen »glatt« ist, wie manche spekulativen

Theorien einer Quantengravitation postulieren, könnte es solche Effekte auch bei Gravitationswellen geben. Das wäre, wie wenn bei einem weit entfernten Konzert die Töne der Piccolo-Flöten und vom Kontrabaß nicht im Takt zu hören wären. Doch LIGO hat nichts dergleichen festgestellt.

Überprüfen lässt sich auch, ob sich die Schwerkraft wirklich mit der Vakuum-Lichtgeschwindigkeit c ausbreitet, wie von der Relativitätstheorie vorhergesagt. Dann müsste das Graviton masselos und exakt lichtschnell sein, falls es dieses noch hypothetische Übertragungsquant der Schwerkraft gibt. Es ist analog zum Photon, dem Quant des Lichts und der elektromagnetischen Wechselwirkung. (Obwohl masselose Gravitonen im Rahmen der Allgemeinen Relativitätstheorie nicht vorkommen, sind sie also sozusagen »anschlussfähig«.) Konkurrierende Theorien sagen eine etwas kleinere oder auch größere Geschwindigkeit vorher. Aus GW150914 folgerte das LIGO-Team, dass die Masse der Gravitonen kleiner sein müsse als 10^{-22} Elektronenvolt (geteilt durch c^2) – was die bisherigen Grenzwerte durch Messungen im Sonnensystem signifikant übertrifft. Und wenn der schwache Gammablitz, den das Fermi-Teleskop gemessen hat, mit GW150914 assoziiert war, dann könnte die Geschwindigkeit von Gravitationswellen von c höchstens um 1 zu 10^{-17} abweichen, rechnete John Ellis vom King's College in London mit zwei Kollegen aus.

Da GW170104 aus der doppelten Entfernung kam, muss die Ruhemasse des Gravitons sogar kleiner sein als $7,7 \cdot 10^{-23}$ Elektronenvolt, folgerte das LIGO-Team 2017. Das ist der bislang beste Grenzwert dieser Art überhaupt. (Anders formuliert: Die Compton-Wellenlänge des Gravitons wäre größer als $1,5 \cdot 10^{13}$ Kilometer.)

Die Signale haben noch weitreichendere Konsequenzen, argumentiert ein Team um Frans Pretorius von der Princeton University. »GW150914 hat die Hürde für alternative Theorien der Gravitation signifikant erhöht.« Schon die Messung von GW150914

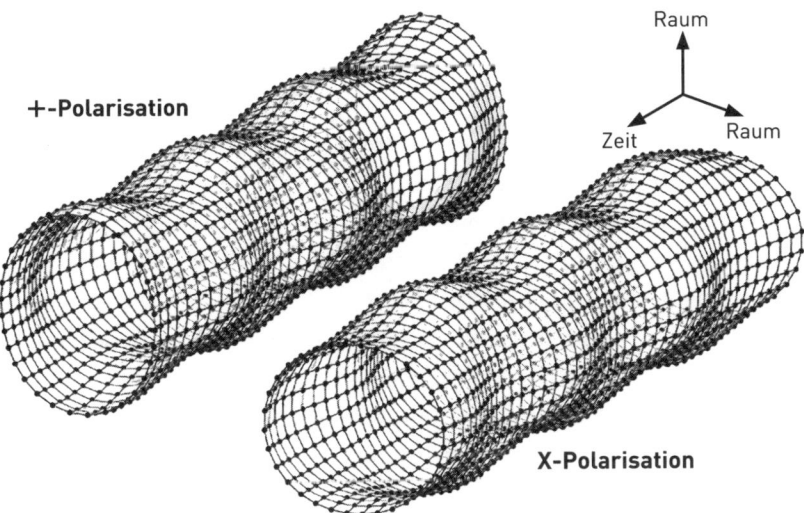

+-Polarisation

Raum

Zeit　Raum

X-Polarisation

Beschwingt durch die Raumzeit: Gravitationswellen machen sich durch charakteristische Stauchungen und Dehnungen von Raum und Zeit bemerkbar – hier dargestellt in ihrer Wirkung auf idealisierte masselose Testteilchen, deren Abstand sich dabei ändert. Die Allgemeine Relativitätstheorie erlaubt nur zwei Schwingungsmuster, +- und x-Polarisation genannt (auf Seite 15 oben als »Schnitte« dargestellt). Würde man andere messen oder eine Abweichung von der Vakuum-Lichtgeschwindigkeit, wäre die Relativitätstheorie widerlegt. Es gibt sogar eine Art gravitatives Gedächtnis (»gravitational memory«): Wenn die Gravitationswelle vorüber ist, sind die relativen Positionen der Testteilchen geringfügig verändert. In realen Messungen übernehmen Spiegel (bei LIGO) oder ganze Satelliten (LISA) die Rolle der Testteilchen.

konnte die Gültigkeitsgrenzen der Relativitätstheorie teilweise um mehrere Größenordnungen präzisieren.

Zu diesen konkurrierenden Alternativen gehören Modelle, die eine Aktivierung hypothetischer Skalarfelder annehmen, eine Gravitationsausbreitung in Extradimensionen, eine variable Gravitationskonstante, eine schnellere oder langsamere Geschwindigkeit der Gravitationswellen als c, eine Verletzung der Lorentz-Invarianz oder des Starken Äquivalenzprinzips.

Wunschzettel von Gravitationswellenastronomen

Welche Überraschungen der Gravitationswellenhimmel noch parat hat, lässt sich zurzeit kaum ermessen. Denn die Oszillationen der Raumzeit werden Signale von Orten und Vorgängen liefern, die für Teleskope im elektromagnetischen Spektrum unzugänglich sind. Fast immer, wenn neue Beobachtungsmethoden etabliert wurden, kam es zu einem großen Erkenntnisschub. Schon jetzt haben Forscher einige Vorstellungen von dem, was LIGO künftig messen könnte. Gravitationswellen liefern ja nicht bloß einen Blick ins Unbekannte, sondern sind auch ein riesiges Testfeld für etablierte Vorstellungen und spekulative Hypothesen. Die Raumzeit-Kräuselungen werden helfen, viele drängende Fragen der Astrophysiker und Kosmologen zu beantworten:

› Was geschieht bei einer Supernova? Auch beim Kernkollaps ausgebrannter Riesensterne zu einem Neutronenstern oder Schwarzen Loch entstehen Gravitationswellen. Gelänge ihr Nachweis, würde man mehr über diesen brachialen Vorgang lernen, und man bekäme Informationen vom zentralen Geschehen, die selbst die dabei massenhaft erzeugten Neutrinos nicht vermitteln können. Noch immer wissen Astrophysiker nicht genau, wie es zu den extremen Explosionen kommt.

› Kocht ein frisch entstandener Neutronenstern förmlich? Er wäre rund eine Milliarde Grad heiß, und sein aufgewühltes Inneres würde 0,1 Sekunden lang extrem turbulent wabern – ausreichend für 30 Zyklen von Gravitationswellen, die LIGO in der Galaxis aus bis zu 100.000 Lichtjahren Distanz messen könnte.

› Wie rund sind Neutronensterne? Sogar wenige Zentimeter kleine Buckel auf der Eisenkruste dieser kompakten, nur etwa 20 Kilometer großen Sternleichen mit der Masse von 1,4 bis zwei oder drei Sonnenmassen würden schon zu einer Unwucht führen, die mit der Abstrahlung von Gravitationswellen einhergeht. Tatsächlich hatten die Detektoren LIGO und Virgo bereits in den ersten Messreihen bis 2010 gezeigt, dass die Beulen auf dem Neutronenstern im 6500 Lichtjahre fernen Krabben- oder Krebs-Nebel, einem Supernova-Überrest im Sternbild Stier, höchstens einen Meter hoch sein können – sonst wäre das bereits aufgefallen, wie die Forscher 2013 berichteten.

› Gibt es Ausbrüche von Magnetaren, das heißt jungen Neutronensternen mit extrem starken Magnetfeldern? Wie kommen sie zustande?

› Wie sind Neutronensterne beschaffen? Der innere Aufbau und die extremen Materiezustände dieser ultrakompakten Objekte sind bislang nur ansatzweise verstanden. Gravitationswellen könnten hier anderweitig unmögliche Einsichten liefern. Denn bevor ein Neutronenstern in einem Doppelsystem mit einem anderen Neutronenstern oder mit einem Schwarzen Loch kollidiert, verformt er sich durch die Gezeitenkräfte drastisch. Dabei entstehen innere Schwingungen, wenn die Gezeitenkraft des Begleiters sich mit einer Frequenz ändert, die der im Kilohertz-Bereich liegenden Eigenfrequenz des Neutronensterns nahekommt – ähnlich wie ein Spielmannszug eine Brücke in Schwingungen versetzen kann, wenn er mit einer Schrittfrequenz marschiert, die der Eigenfrequenz der Brücke entspricht. Vor dem Verschmelzen umkreisen sich die Objekte in weniger als einer Millisekunde rund halb so schnell wie die Lichtgeschwindigkeit. Sowohl die Stärke der Deformation als auch die Eigenfrequenz des Neutronensterns hängen direkt mit den mikrophysikalischen Eigenschaften der Materie des Neutronensterns zusammen. Jede Veränderung durch die Gezeiten hinterlässt messbare Spuren in den Gravitationswellen, die von dem Doppelsystem freigesetzt werden. Ein detailliertes Modell von Tanja Hinderer und Andrea Taracchini am Max-Planck-Institut für Gravitationsphysik hat

Exkurs

Signale aus anderen Dimensionen

Gravitationswellen können Physikern einen winzigen Türspalt zu anderen Dimensionen öffnen. Zu dieser wahrlich aufschlussreichen Einsicht gelangten David Andriot und Gustavo Lucena Gómez vom Max-Planck-Institut für Gravitationsphysik in Potsdam. Sie berechneten, welche messbaren Effekte verborgene Raum-Dimensionen haben, unabhängig von ihrer Größe und Zahl sowie der Quelle der Wellen.

Dass es vielleicht Extradimensionen quasi senkrecht zu Höhe, Breite und Tiefe gibt, ist eine exotische Vermutung. Doch sie kommt in vielen spekulativen Theorien der modernen Physik vor. Schon ab 1919 wollten Theodor Kaluza, Albert Einstein und Oskar Klein damit die Allgemeine Relativitätstheorie und die klassische Theorie des Elektromagnetismus vereinigen. Im Rahmen der modernen Supergravitation- und Stringtheorien werden mindestens sechs zusätzliche Dimensionen des Raumes postuliert, die allerdings winzig klein sind: komplizierte geometrische Knäuel von nur etwa 10^{-32} Zentimeter Größe.

Eine dieser Dimensionen oder mehrere könnten jedoch auch ausgedehnter sein. Das beschreiben zumindest kosmologische Modelle, die von der Stringtheorie inspiriert sind (etwa RS1, RS2, ADD und DGP – benannt nach ihren Erfindern Lisa Randall, Raman Sundrum, Nima Arkani-Hamed, Savas Dimopoulos, Gia Dvali, Gregory Gabadadze und Massimo Porrati). Nur die Schwerkraft würde in diese versteckten Raumfalten entweichen, für elektromagnetische Strahlung und gewöhnliche Materie wären sie unzugänglich.

Die experimentelle Obergrenze für die Größe solcher Extradimensionen beträgt höchstens 0,1 Millimeter (Messungen der Gravitationskonstante, Suche nach »verschwundener« Energie bei Partikelkollisionen in Teilchenbeschleunigern); wenn unsere vierdimensionale Raumzeit allerdings in eine stark gekrümmte fünfte Dimension eingebettet ist, könnte die sogar beliebig ausgedehnt sein.

Obwohl solche Vorstellungen verwegen anmuten, sind sie wissenschaftlich überprüfbar. Wenn beispielsweise höherdimensionale Schwarze Löcher kollidieren, werden Gravitationswellen freigesetzt, die auch hinieden in unserer vierdimensionalen Welt registriert werden könnten. Das zeigten David und Gómez. Sie fanden, dass solche extradimensionalen Einflüsse zwei charakteristische Auswirkungen haben:

› Zum einen ist ein diskretes Spektrum bei bestimmten sehr hohen Frequenzen mit sechs unterschiedlichen Polarisationen zu erwarten (siehe dazu die Grafik auf Seite 15).»Wenn Detektoren dafür gebaut werden könnten, lässt sich ein eindeutiges Signal messen, weil kein bekannter astrophysikalischer Prozess Gravitationswellen mit Frequenzen weit über 1000 Hertz emittiert. Ihr Nachweis wäre daher ein klares Indiz für eine neue Physik«, schreiben die Wissenschaftler. Allerdings ist völlig unklar, wie sich solche Wellen messen lassen – das irdische Rauschen begrenzt die Empfindlichkeit von Instrumenten wie LIGO, und Weltraum-Detektoren oder astronomische Hilfsmittel zielen allesamt auf tiefere Frequenzen. Ob extrem kurzwellige Signale überhaupt nachweisbar wären (mit Gammastrahlen-Laser oder speziellen Resonatoren?), weiß niemand.

› Zum anderen erzeugen Extradimensionen auch Gravitationswellen mit einer gleichförmigen Deformation in beide Richtungen senkrecht zur Ausbreitung – das heißt eine homogene Expansion und Kontraktion. Weil das einer atmenden Lunge ähnelt, heißt diese Polarisation »breathing mode« (Grafik 3 auf Seite 15). Sie lässt sich künftig von drei oder vier gleichzeitig betriebenen Detektoren wie LIGO messen und unterscheidet sich klar von den beiden im Rahmen der Allgemeinen Relativitätstheorie möglichen Polarisationen, bei denen der Raum simultan gestaucht und senkrecht dazu gedehnt wird. Ein »breathing mode«-Nachweis wäre also ein klares Indiz für Phänomene jenseits der Relativitätstheorie – allerdings nicht zwingend für die Existenz verborgener Dimensionen, weil auch andere erweiterte Gravitationstheorien Derartiges voraussagen (etwa Skalar-Tensor-Theorien oder die sogenannte f(R)-Gravitation).

So esoterisch die umfangreiche Arbeit von Andriot und Gómez für Laien auch erscheinen mag, den letzten Satz ihrer Danksagung kann jeder verstehen. Hier schreiben die beiden Physiker:»Unser herzliches Dankeschön geht an die Deutsche Bahn AG, die uns einen bequemen Büroplatz in ihren praktischerweise verspäteten Zügen bot.«

2016 gezeigt, wie die Wellenformen aussehen dürften und wonach die Forscher in den Daten Ausschau halten müssen.

› Welche Arten von Schwarzen Löchern gibt es, und wie ist die statistische Verteilung ihrer Massen und Drehimpulse? Gilt das »Keine-Haare-Theorem« wirklich streng, demzufolge sich alle Schwarzen Löcher äußerst ähnlich sind? Existiert aufgrund von Quanteneffekten eine unpassierbare »Feuerwand« dicht unter dem Ereignishorizont eines Schwarzen Lochs, wie Forscher in den letzten Jahren spekuliert haben? (Das könnte die Ringdown-Frequenz des Gravitationswellensignals verschieben.) Tatsächlich hat Niayesh Afshordi von der University of Waterloo in Kanada mit zwei Kollegen behauptet, eine horizontnahe Quantenbarriere (Feuerwand oder Fuzzball) könnte Schwingungen beim Ringdown reflektieren und charakteristische Echos erzeugen. Die drei Physiker glauben sogar, ein paar solcher Echos alle 0,1 bis 0,3 Sekunden in den LIGO-Messungen entdeckt zu haben. Doch das ist statistisch noch nicht signifikant.

› Wie schnell dehnt sich das Universum aus? Ein Vergleich von Quellen der Gravitationswellen mit optischen Gegenstücken, etwa Gammablitzen oder fernen Supernovae, könnte helfen, kosmische Entfernungen auf eine neue Art zu ermitteln. Damit ließe sich die Expansionsrate des Weltraums vielleicht auf genauere Weise errechnen als mit herkömmlichen Verfahren. Auch die Geometrie des Universums kann dann neu vermessen werden. Und die Zustandsgleichung der Dunklen Energie (der Parameter w) sollte sich unabhängig von den mit vielen Unsicherheiten behafteten lichtastronomischen Methoden bestimmen lassen. Das alles wird wichtige Konsequenzen für die Erforschung der Dunklen Materie und Energie haben und somit das kosmologische Standardmodell überprüfen oder präzisieren helfen.

› Gibt es die Kosmischen Strings? Diese fadenartigen Strukturen aus einem Phasenübergang eines »falschen Vakuums« kurz nach dem Urknall, gewissermaßen Verwerfungen der Raumzeit, sind Gegenstand spekulativer Hypothesen. Würden die Strings knicken, zerreißen oder sich gegenseitig beeinflussen, hätte das charakteristische Gravitationswellensignale zur Folge.

› Existieren zusätzliche Raum-Dimensionen, wie Stringtheoretiker spekulieren? Diese Extradimensionen könnten sogar groß, aber nicht für gewöhnliche Materie zugänglich sein, jedoch die Schwerkraft spüren. Gravitationswellen geben vielleicht verräterische Hinweise darauf und lassen auf ihre Größe schließen. (Aus der Messung von GW150914 wurde bereits über ein Mindestmaß von einem Lichtjahr für eine einzelne »aufgerollte« Zusatzdimension nachgedacht.)

› Was geschah im ersten Sekundenbruchteil des Urknalls? Auch damals sind bereits Gravitationswellen entstanden. Für deren Frequenzen ist LIGO allerdings nicht empfindlich. Doch Astrophysiker haben durchaus Ideen und Methoden, diese Signale vom Anfang unseres Universums aufzuspüren, zum Beispiel als charakteristisches Polarisationsmuster in der Kosmischen Hintergrundstrahlung.

Der ruhigste Ort der Menschheit

»Die Erde ist die Wiege der Menschheit, aber der Mensch kann nicht ewig in der Wiege bleiben«, meinte der Raumfahrtpionier Konstantin Ziolkowski einmal. Für die Erforschung der Gravitationswellen gilt ähnliches. Denn die Schwerkraft lässt sich nicht abschirmen, und Gravitationswellen mit Frequenzen unter einem Hertz können auf der Erde nicht detektiert werden, weil die überlagernden Störeffekte dafür zu groß sind: Dazu gehören die seismische Aktivität des Planeten sowie die winzigen Verschiebungen des Gravitationsfelds durch die Bewegung der Atmosphäre, der

Meere und so weiter. Frequenzen über zehn Hertz sind jedoch auf der Erde gut messbar, wie jüngst spektakulär demonstriert wurde.

Deshalb warben Visionäre wie Karsten Danzmann, Leiter des GEO600-Detektors und seit 2002 Direktor am Max-Planck-Institut für Gravitationsphysik in Hannover, schon Anfang der 1990er-Jahre für ein Observatorium im All. Doch ihnen war klar, dass man dafür viel Zeit braucht. Nun gelang ein entscheidender Schritt: der Nachweis der technischen Machbarkeit. Die europäische Raumsonde LISA Pathfinder hat demonstriert, dass das zarte Zittern des Weltraums auch unter einem Hertz mit den bereits entwickelten Methoden tatsächlich gemessen werden kann. Die Präzision des Verfahrens ist schlicht atemberaubend: Am ruhigsten Ort der Menschheit ist ein Durchbruch für die Messungen von Gravitationswellen im Weltall gelungen.

Von der Europäischen Weltraumagentur ESA wurde bereits 1997 eine Großmission anvisiert: LISA (Laser Interferometry Space Antenna), nachdem schon in den 1980er-Jahren die Idee unter dem Namen LAGOS (Laser Antenna for Gravitational radiation Observation in Space) diskutiert worden war. Das Observatorium sollte aus drei baugleichen Raumsonden bestehen, die 50 Millionen Kilometer von der Erde entfernt um die Sonne kreisen und ein gleichseitiges Dreieck mit fünf Millionen Kilometer Kantenlänge bilden – aufgespannt durch Laserstrahlen zwischen den Sonden. Gravitationswellen zwischen 0,1 Millihertz und 1 Hertz, die durch ein solches Dreieck laufen, stauchen und strecken dessen Seitenlängen geringfügig, was sich durch die Überlagerungsmuster der Strahlen im Prinzip nachweisen ließe. Damit wäre es beispielsweise möglich, Gravitationswellen von Schwarzen Löchern mit 10.000 bis 10 Millionen Sonnenmassen oder extremen Massenunterschieden zu erhaschen.

Allerdings geriet LISA 2011 in finanzielle Engpässe, weil die NASA als Kooperationspartner ausstieg. LISA wurde zu eLISA (evolved LISA) oder NGO (New/Next Gravitational wave Observatory) abgespeckt: drei Satelliten, die mit einer V-förmigen Laserstrahlen-»Armlänge« von nur einer Million Kilometer messen sollten. Außerdem beschloss die ESA den Bau einer Raumsonde zum Nachweis, dass ein solch ambitioniertes Unternehmen technisch überhaupt realisierbar ist. LISA Pathfinder, so der Projektname, wurde nach einigen Verzögerungen am 3. Dezember 2015 ins All geschossen – just zum 100-jährigen Jubiläum der Publikation von Albert Einsteins Feldgleichungen der Allgemeinen Relativitätstheorie. An diesem Tag fand ein hochkarätiges Jubiläumssymposium in Berlin statt, wo der Start mit großem Applaus gewürdigt wurde.

LISA Pathfinder hat am 1. März 2016 seine wissenschaftliche Mission begonnen, 1,5 Millionen Kilometer von der Erde entfernt in einem 500.000 mal 800.000 Kilometer messenden sogenannten Lissajous-Orbit um den Librationspunkt L1. Dort heben sich die von der Erde und Sonne erzeugten Schwer- und Fliehkräfte gerade auf, sodass ein Satellit hier antriebslos die Sonne mit derselben Umlaufzeit wie die Erde umkreisen kann, ohne dass sich seine relative Position ändert. Zunächst wurden zwei Testmassen an Bord der Sonde – ein Paar von 4,6 Zentimeter großen und 1,9 Kilogramm schweren Würfeln aus einer Gold-Platin-Legierung – aus ihren Halterungen gelöst. Daraufhin befanden sie sich 37,6 Zentimeter voneinander entfernt in der Schwerelosigkeit. Sie schwebten ohne mechanischen Kontakt zum Satelliten in diesem einzigartigen Gravitationslabor. Das ist der »reinste« freie Fall, den Menschen jemals künstlich hergestellt und kontrolliert haben. »Mit LISA Pathfinder haben wir den ruhigsten Ort geschaffen, den die Menschheit kennt«, freut sich Danzmann.

Das ist spektakulär, denn die Einflüsse der Raumsonde selbst, aber auch die Strahlung der Sonne und der Druck des Sonnenwinds, erzeugen winzige Störungen, die durch Abschirmungen

Himmlischer Pfadfinder: Die am 3. Dezember 2015 ins All geschossene europäische Raumsonde LISA Pathfinder war eine Technologie-Mission zum Test der Methoden für einen künftigen Gravitationswellendetektor im Weltall: LISA. Dieser wird für einen tieferen Frequenzbereich empfindlich sein als die Detektoren auf der Erde und soll spätestens 2034 starten, um beispielsweise die Kollision supermassereicher Schwarzer Löcher nachzuweisen. In LISA-Pathfinder (Modell oben) wurde der Abstand von zwei frei schwebenden Platinwürfeln im Zentrum der Sonde mit vier Laserinterferometern zwischen ihnen äußerst präzise gemessen (unten); außerdem wurde bestimmt, wie ungestört der freie Fall dieser Testmassen war.

und minimale Kurskorrekturen möglichst kompensiert werden müssen. Dazu maß die Sonde, die gewissermaßen um die frei fallenden Würfel herumflog, die Position und Ausrichtung der beiden Testkörper zueinander und zur Sonde so störungsfrei wie möglich mit einem Laserinterferometer. Von dieser Technik hängt künftig LISAs Erfolg ab. Denn wenige Billionstel Meter sind die Toleranzgrenze bei der exakten Bestimmung und Kontrolle des Abstands der drei Satelliten – sonst würden kleinste Schwankungen die gesuchten Gravitationswellensignale überlagern.

Im Juni 2016 publizierten die Wissenschaftler die Ergebnisse der ersten 55 Tage in den *Physical Review Letters*. Unter den 119 Autoren sind 20 Forscher des Max-Planck-Instituts und der Universität Hannover, wo unter anderem das Laserinterferometer entwickelt und gebaut wurde. Bei über 60 Millihertz waren die Anforderungen bereits in wenigen Tagen erreicht und die Zielvorgaben um das Fünffache, teils um mehr als das Hundertfache überschritten worden. Hier wurde die Messgenauigkeit nur durch das Rauschen im Interferometer begrenzt. Bei niedrigeren Frequenzen (ab ein Millihertz) störten zudem die wenigen Gasmoleküle, die noch im System herumflitzten und an die Würfel stießen. Aber viele sind später ins All diffundiert, sodass die Präzision anstieg. »Seitdem konnten wir die Genauigkeit noch weiter verbessern«, sagt Paul McNamara, Projektwissenschaftler bei der ESA.

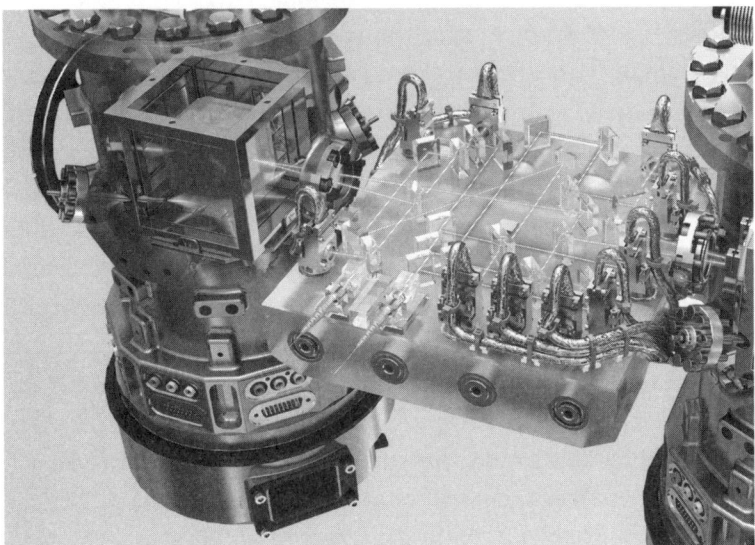

»Die Resultate sind viel präziser, als wir zu hoffen wagten«, jubelt auch Danzmann. »Der Satellit folgte uns wie ein Lämmchen.« Die Testmassen schwebten relativ zueinander nahezu bewegungslos. Ihre effektive Beschleunigung durch Störquellen war minimal (1 zu 10^{16}), nur zehn Milliardstel eines Milliardstels der Erdgravitation – vergleichbar der Gewichtskraft eines Virus' auf der Erde.

»Diese Messungen des ersten präzisen Laserinterferometers im Weltraum funktionierten wie im Bilderbuch, mit einem Rauschlevel weit niedriger als gefordert – auch viel besser als alles, was wir auf der Erde jemals gemessen haben«, fasst Gerhard Heinzel die Resultate zusammen. »Wir konnten beispielsweise eine Bewegung der Testmassen mit einer Periode von einer Sekunde und einer Amplitude von fünf Femtometern gerade noch sehen, wenn wir 100 Sekunden beobachteten. Fünf Femtometer sind ein Zwanzigtausendstel eines typischen Atomradius«, sagt der Leiter der Forschungsgruppe »Interferometrie im Weltraum« am Max-Planck-Institut für Gravitationsphysik. Gleichzeitig wurde der Kippwinkel der Testmassen gemessen – mit einer Amplitude von nur 20 Pikoradian. »Dies entspricht ungefähr 10 Millionstel Meter auf die Distanz Stuttgart–Hamburg«, vergleicht es Heinzel. »Diese enorme Empfindlichkeit ist sehr wichtig, um das Interferometer genauer zu verstehen. Wir haben mehrere Phänomene identifiziert, die sehr kleine, aber nachweisbare Störungen produzieren – etwa Leistungsschwankungen des Lasers und subtile Phänomene, die mit der Synchronisation der Messungen zusammenhängen. Das haben wir dann noch genauer untersucht.«

Dass die Mission schon in den ersten Tagen ihre Zielvorgaben erreicht und übertroffen hat, ist auch ein Bravourzeugnis für die exzellente Arbeit der Wissenschaftler, Ingenieure und Techniker vor dem Start der Sonde. Trotzdem war der Härtetest im All nötig. Denn die Schlüsseltechnologien für LISA hätten mit dieser Präzision auf der Erde nicht geprüft werden können. »Das Sys-

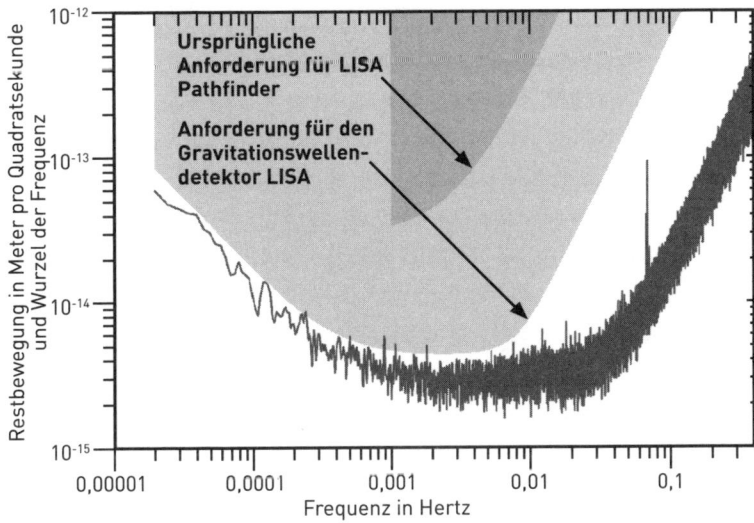

Prächtige Präzision: LISA Pathfinder sollte so ruhig wie möglich im Weltraum stationiert werden, sich also im freien Fall um seine beiden Testmassen herum befinden. Die Messkurve zeigt die durchschnittlichen Schwankungen differenzieller Beschleunigungen in den ersten 55 Tagen. Dieses Rauschen ist viel geringer als die Zielvorgabe, teils um das Hundertfache, und sogar besser als für den Gravitationswellendetektor LISA nötig.

tem war so exzellent gebaut, dass bei der Position der Testmassen die Differenz im Gravitationsfeld des Satelliten selbst im Wesentlichen Null war. Das hat die Kräfte signifikant reduziert, die wir brauchten, um die Massen stationär zueinander zu bringen«, sagt Paul McNamara.

Bei LISA Pathfinder wurden während des Freifalls zwei verschiedene Antriebstechnologien verwendet: ein europäisches Kaltgas- und ein amerikanisches Kolloidtriebwerk. Letzteres stand ab dem 26. Juni 2016 im Zentrum. An diesem Tag begann ein zweites Experiment an Bord der Sonde, das Disturbance Reduction System vom Jet Propulsion Laboratory der NASA. Dabei wurden winzige Mikronewton-Triebwerke getestet, die für die künftige Präzisionsnavigation nötig sind. Um für minimale Kurskorrekturen Schub zu erzeugen, wurden kleine Flüssigkeitstropfen elektrisch aufgeladen. Bis 17. Oktober war das Triebwerk insgesamt 1400 Stunden lang in Betrieb und erfüllte die Missionsziele hundertprozentig.

Im November ging die Mission für weitere sieben Monate in die Verlängerung. »Es wurde ein Selbstläufer – und nachdem wir eine halbe Milliarde Euro für LISA Pathfinder ausgegeben haben, wollten wir die Sache ausreizen, so gut es geht«, sagt Danzmann. »Der Plan war, nicht nur den Einfluss der Störkräfte, die wir bereits kannten, zu reduzieren, sondern auch mehr zu lernen über weitere Effekte, die im Rauschen verborgen sind. Doch unsere Ziele waren schon vorher übertroffen.«

Am 7. Dezember 2016 begann eine zweite Phase des wissenschaftlichen Betriebs, die dem besseren Verständnis des Systems und weiteren Verringerungen von Störsignalen diente. Zwei Rauschquellen standen dabei im Vordergrund: Unterhalb von 0,6 Millihertz gibt es noch nicht verstandene Folgeeffekte von Triebwerksmanövern, zwischen 0,6 und 50 Millihertz dominieren die in der Messkammer eingeschlossenen Luft-Moleküle, die mit den Testmassen kollidieren. (Bei höheren Frequenzen herrscht das Sensor-Rauschen vor.)

Im Januar 2017 schalteten die Wissenschaftler die Heizungen an Bord des Satelliten aus, was diesen von 22 auf 11 Grad Celsius kühlte. Damit nahm der Druck der verbliebenen Gasmoleküle auf die Testmassen ab und in dem mehrwöchigen Test reduzierte sich das Rauschen noch einmal etwas. Auch wurden drei Wochen lang keine der üblichen Korrekturmanöver gefahren, um das Verhalten der Sonde bei sehr niedrigen Frequenzen zu studieren. Im Februar 2017 war LISA Pathfinder insgesamt rund dreimal präziser, als dies für die künftige LISA-Mission erforderlich ist. »Wir haben die Erfordernisse nicht nur für LISA Pathfinder, sondern auch die nötige Genauigkeit für LISA bereits in allen relevanten Frequenzen übertroffen«, betont Danzman.

Auch die besten Messungen der Störungen des freien Falls durch den Einfluss der Kosmischen Strahlung – vor allem der elektrisch geladenen Protonen und Elektronen – hat LISA Pathfinder ermöglicht. Darüber hat das Forscherteam ausführlich in einem Artikel in den *Physical Review Letters* im April 2017 berichtet. Ein Teil der Partikel gelangt durch die Hülle des Raumschiffs zu den Testmassen und induziert dort eine schwache elektrische Ladung, die als elektrostatische Kraft den Abstand der Würfel geringfügig, aber messbar ändert (um ein Femtometer pro Quadratsekunde und die Wurzel der Frequenz von 0,1 bis 100 Millihertz). Das wird auch bei LISA so sein.

»Richtig gut haben die sogenannten Inertialsensoren für das Laserinterferometer von LISA Pathfinder und das sogenannte Drag-Free-Attitude-Control-System (DFACS) funktioniert«, ergänzt Hans-Georg Grothues vom Deutschen Zentrum für Luft- und Raumfahrt, Abteilung Raumfahrtmanagement. Das DFACS bekommt Signale der Inertialsensoren und hält in einer Rückkoppelungsschleife die Sonde im Gleichgewicht, indem es Störkräfte – wie zum Beispiel den Strahlungsdruck der Sonne – sehr genau über den Einsatz der Triebwerke ausgleicht: Raumsonde und Nutzlast bilden auf diese Weise eine untrennbare Einheit.

Nahezu reibungslos funktionierte auch die kritische Freigabe der Testmassen, die während des Starts durch einen Haltemechanismus gesichert werden mussten. Ihr mehrfaches Wiedereinfangen, Positionieren und Freigeben im Lauf der Mission wurde ebenfalls erfolgreich durchgeführt. »Diese unvorstellbar kleinen Abstandsänderungen sind gerade einmal so groß wie der Kern eines Wasserstoff-Atoms. Wir wissen jetzt, dass wir sie – und damit auch Gravitationswellen – mit der Laserinterferometrie-Messtechnik im Weltraum nachweisen und untersuchen können. Dank LISA Pathfinder wird die exakte Kenntnis dieser Abweichungen nun in die Konstruktion von LISA einfließen«, betont Grothues. Zwar wurde bei LISA Pathfinder die Armlänge auf 38 Zentimeter drastisch verkürzt, um das Interferometer im Wissenschaftsmodul der Mission unterbringen zu können. »Dennoch erlaubt das repräsentative Messungen vieler Effekte und Störungen an den beiden freifliegenden Massen, wie sie später auch bei LISA charakteristisch sein werden«, sagt der Missionsmanager. Tatsächlich wird LISA wohl genau dieselbe Art von Testmassen verwenden.

Auch die letzten Wochen von LISA Pathfinder waren betriebsam. So wurden Tests der magnetischen Interferenz, der Druckregulation der Gastriebwerke sowie der Testmassen-Kontrolle unternommen. Auch das thermische und optische Vakuumsystem wurde analysiert, um die Ladungseigenschaften der Massen besser zu verstehen. All das ist wichtig für künftige Missionen, bei denen mehrere Sonden in einer Formation fliegen werden. Am 30. Juni erfolgte noch ein Experiment zu den Präzisionsgrenzen der Testmassen-Halterungen und -Greifer, was ebenfalls für LISA wichtig ist. Das konnte vorher nicht gemacht werden, weil dafür eine besonders ruhige Umwelt nötig ist, die es erst gab, als der Satellit größtenteils deaktiviert war.

Am Abend des 18. Juli kurz nach 20 Uhr Mitteleuropäischer Sommerzeit erfolgte das letzte Kommando vom Europäischen Raumfahrtkontrollzentrum in Darmstadt. Es schaltete die Bordsysteme aus. Seither herrscht Funkstille. Bereits im April hatten die Triebwerke fünf Stunden lang gefeuert, um LISA Pathfinder von seiner Position am Librationspunkt L1 zu entfernen und auf einen langen stabilen Parkorbit um die Sonne zu bringen. So wird die Sonde mindestens ein Jahrhundert lang nicht in Erdnähe kommen können.

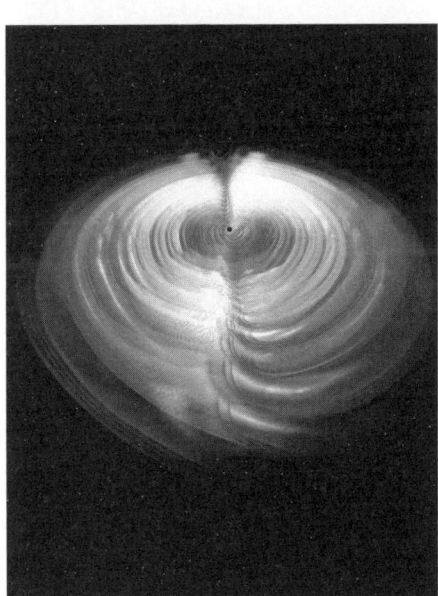

Crashtest-Dummy: Eine Kollision von Schwarzen Löchern (oben eine künstlerische Darstellung) kann man weder aus der Nähe beobachten – das wäre auch sehr ungesund – noch experimentell im Labor studieren. Daher sind aufwendige Computersimulationen auf Basis der Allgemeinen Relativitätstheorie zu ihrem Verständnis nötig (links eine Visualisierung echter Rechnungen von Gravitationswellen). Die Ergebnisse lassen sich dann mit Messungen vergleichen, etwa künftig von LISA, und werden umgekehrt auch benötigt, um diese auszuwerten.

»Als wir das letzte Mal Kontakt mit LISA Pathfinder hatten und uns vom Satelliten verabschiedeten, war das ein einzigartiger und emotionaler Moment«, beschreibt es Danzmann. »Nach jahrelanger Planung und dem Start des Satelliten im Dezember 2015 haben wir seit Anfang 2016 viele Tage und Nächte damit verbracht, mit der Raumsonde den Weg für die Zukunft der Gravitationswellenastronomie zu ebnen.« Es gibt jedoch keinen Grund zur Traurigkeit, denn nun beginnen die Vorbereitungen für LISA, das eigentliche Ziel.

»Vor LISA Pathfinder war die Gravitationswellenastronomie im Weltraum eine rein theoretische Möglichkeit, deren künftige Implementierung hinter einer dicken dunklen Wand verborgen lag. Diese Mission hat eine Tür in der Wand geöffnet. Die Straße, um die künftige Mission zu erreichen und GW zu messen, ist immer noch sehr lang, aber wir sehen sie und können nun damit anfangen, die lange Reise zu planen, um das Ziel zu erreichen«, resümiert Paolo Ferri, Missionskontrollleiter bei der ESA. Fest steht nun also: Es gibt kein unüberwindliches technisches Hindernis für LISA, sondern das Projekt ist nur eine Frage des Geldes. Karsten Danzmann: »Wir haben den Pfad gefunden.«

Die Messungen der Pathfinder-Mission sind noch lange nicht vollständig analysiert, interpretiert und ausgeschöpft. »Wir sind mittendrin, die Daten fertig auszuwerten und viele Veröffentlichungen zu schreiben«, sagt Danzmann. Es wird eine ganze Serie an Publikationen geben – zur Sonde selbst, zu den Störquellen und Einflussgrößen, zu den Triebwerken und Kontrollfunktionen, aber auch zur astronomischen Umgebung (Weltraumwetter, Kosmische Strahlung, Mikrometeoriten). Das wird die Wissenschaftler teilweise noch Jahre beschäftigen. Fest steht jedenfalls: »LISA Pathfinder lag bei allen Frequenzen von 20 Mikrohertz bis 1 Hertz im Beschleunigungsrauschen deutlich unter den Anforderungen für die LISA-Mission, die ja noch einmal einen Faktor

Noch Zukunftsmusik: Der Gravitationswellendetektor LISA (Laser Interferometer Space Antenna) wird aus drei Raumsonden bestehen, die mit Laserstrahlen ein Dreieck von etwa 2,5 Millionen Kilometer Seitenlänge bilden – das 6,5-Fache des Mondbahn-Radius.

10 strenger sind als die eigentlich für LISA Pathfinder gültigen«, fasst es Danzmann zusammen. »LISA funktioniert, wir müssen das Observatorium nur noch bauen.«

Im Strom der Mikrometeoriten

Überraschenderweise konnte LISA Pathfinder sogar etwas zur Erforschung des Sonnensystems beitragen – und das gilt Gravitationswellendetektoren im All generell. Die hochpräzise Ausrichtung der Sonden lässt nämlich Rückschlüsse auf die Verteilung und Bewegung von Mikrometeoriten zu.

Der Weltraum ist kein absolutes Vakuum, sondern enthält – wenn auch hochverdünnt – unzählige Teilchen. Dazu gehören Mikrometeoriten (Mikrometeoroide): winzige Stäubchen von Kometen, Planetoiden, der Kollision von Planetoiden, sogar von den Winden benachbarter Sterne. Die meisten haben Massen von nur wenigen Tausendstel oder Millionstel Gramm – weniger als Sandkörnchen. Doch sie rasen mit Geschwindigkeiten von über 36.000 Kilometer pro Stunde durchs Sonnensystem. Kollidieren sie mit einer Raumsonde, beeinflussen sie deren Bahn minimal. Das ist in der Praxis meistens völlig irrelevant, wenn ihr Einschlag nicht gerade schädliche Folgen hat. Doch weil sich LISA Pathfinder so störungsfrei wie möglich bewegen musste, um die beiden Testmassen im allerbesten freien Fall zu lassen, wurde die Position der Sonde genauestens erfasst; winzige Korrekturmanöver der Triebwerke (Schubkräfte im Mikronewton-Bereich) kompensierten jede Abweichung.

»Immer wenn ein mikroskopisches Staubkörnchen LISA Pathfinder getroffen hat, haben die Triebwerke den winzigen Impuls ausgeglichen«, sagt Diego Janches vom Goddard Space Flight Center der NASA in Greenbelt, Maryland. »Wir können dies umdrehen und das Feuern der Triebwerke dazu verwenden, um mehr über die einschlagenden Partikel zu lernen. Was für das eine Forscherteam Rauschen ist, das sind für ein anderes Daten.«

»Das ist eine tolle Zusammenarbeit«, meint ESA-Projektwissenschaftler Paul McNamara. »Die Daten, die wir für unsere wissenschaftlichen Messungen verwenden, können auch zu ganz anderen Zwecken nützlich sein: Sie sagen uns etwas über die Mikropartikel, die die Sonde getroffen haben.«

Kleinstmeteoriten sind nicht gleichmäßig im Sonnensystem verteilt. Vielmehr hängt ihr Vorkommen, ihre Größe, Bewegungsrichtung und Geschwindigkeit von ihren Quellen ab. Außerdem ziehen Planeten den Staub an. Dieser Effekt, von Physikern als gravitative Fokussierung bezeichnet, bedeutet, dass der Mikro-meteoriten-Strom in Erdnähe stärker ist als bei LISA Pathfinder, 1,5 Millionen Kilometer näher bei der Sonne.

Um die Treffer der Raumsonde aufzuspüren und zu charakterisieren, waren erstaunlicherweise Algorithmen nützlich, die zu einem ganz anderen Zweck entwickelt wurden: der Suche nach Gravitationswellen. Sie waren und sind bei der Auswertung der LIGO-Daten im Gebrauch. Denn auch hier wird mit Modellrechnungen nach Wahrscheinlichkeitsverteilungen möglicher Signale im riesigen Rauschen gefahndet.

Tyson Littenberg vom Marshall Space Flight Center der NASA in Huntsville, Alabama, hat die Algorithmen genommen und modifiziert. Damit ist es im Prinzip möglich, aus den kleinen Bahnmanövern von LISA Pathfinder auf die Impuls-Verteilung der Mikrometeoriten zu schließen, zumindest statistisch. Genau das ist das Ziel von Ira Thorpe und ihrem Team vom Goddard Space Flight Center, zu dem auch Janches gehört. Idealerweise lassen sich so die Bahnen der unterschiedlichen Teilchenströme rekonstruieren und vielleicht sogar ihre Herkunft von bestimmten Kometen oder Planetoiden ermitteln.

»Zunächst geht es darum zu zeigen, dass die Idee funktioniert«, sagt Ira Thorpe. »Aber wir hoffen, die Methode mit einem künftigen Gravitationswellenobservatorium im All zu wiederholen. Mit mehreren Raumsonden auf verschiedenen Orbits und viel längeren Verweilzeiten wird sich die Datenqualität stark verbessern.«

Kollaps, Katzen und Quantenrätsel

Und noch eine weitere und anfangs unbeabsichtigte, aber positive Nebenwirkung hat LISA Pathfinder aufzuweisen. Die Präzisionssonde erlaubte nämlich auch ein Experiment für die Quantenphysik. Diese Theorie der mikroskopischen Welt ist so gut bestätigt wie fundamental rätselhaft. Sie erfasst bizarre Eigenschaften des Mikrokosmos, die im Alltagsleben fast nie in Erscheinung treten. Und das, obwohl es viele praktische Anwendungen gibt, die beispielsweise auch in Gravitationswellendetektoren zum Einsatz kommen: von Halbleitern in Computern über Laser bis zum Quetschlicht und der Interferenz.

Die Interferenz, ohne die LIGO nicht funktionieren könnte, führt auch zum zentralen Geheimnis der Quantenwelt: Wellen und Teilchen – die in der Quantenphysik wie zwei ganz verschiedene Seiten einer einzigen Medaille erscheinen – können miteinander wechselwirken, sich auf seltsame Weise beeinflussen und überlagern. Eine solche Superposition sowohl von Strahlung als auch von Materie ist im Experiment (Doppelspalt-Versuch) exzellent erforscht, aber aus Sicht der klassischen Physik mysteriös. Mit der von Erwin Schrödinger 1926 formulierten Schrödinger-Gleichung lässt sich die Superposition immerhin exakt beschreiben (und Erweiterungen wie Paul Diracs Gleichung von 1928 ändern an den Seltsamkeiten nichts).

Tatsächlich müsste sich demnach eigentlich alles in einer stetig ausbreitenden Superposition befinden – und tut das kosmisch vielleicht auch. Doch davon ist in der Alltagswelt nichts zu merken. Das meso- und makroskopische Universum erscheint eindeutig, bestimmt und wohlgeordnet. Es werden keine Überlagerungen von sich wechselseitig ausschließenden Zuständen beobachtet. Schrödinger hat dieses Paradoxon am Beispiel einer Katze auf den (metaphorischen) Punkt gebracht: Angenommen, sie wird in einen Kasten eingesperrt, in dem eine Tötungsmaschinerie eingebaut ist, die von einem radioaktiven Zerfall eines Atoms aktiviert wird. Dieser ist ein zufälliger, nicht voraussagbarer Quantenprozess. Dann wäre Schrödingers Katze im Kasten zugleich sowohl (!) tot als auch (!) noch am Leben, so lang niemand in den Kasten

wird nie
gemessen

Interferenz-
muster

Welle contra Teilchen: Passiert ein Partikel, egal ob Licht oder Materie, einen Spalt, dann hinterlässt es dahinter auf einem Schirm oder im Detektor ein Signal (1 und 2). Sind beide Spalten offen, kommt es jedoch zu einer Überlagerung (Interferenz) wie bei Wellen (gemessene Situation im Teilbild 4 im Gegensatz zum nie beobachteten Muster in 3). Das ist selbst dann der Fall, wenn die – vermeintlichen? – Teilchen »eins ums andere« auf den Doppelspalt geschossen werden. Wieso diese Interferenz oder Superposition entsteht, ist rätselhaft.

schaut. Dabei entspricht der geisterhafte Zwitterzustand der Katze der Superposition und das Öffnen des Kastens der quantenphysikalischen Messung (Beobachtung). Oder, im Rahmen des Formalismus der Schrödinger-Gleichung: Die Wellenfunktion der Katze beschreibt die Überlagerung der beiden Zustände »lebendig« und »tot«, die Messung oder das Wissen darum führt zum sogenannten Kollaps der Wellenfunktion und mithin zu einem eindeutigen klassischen Zustand: entweder »lebendig« oder »tot«.

Das klingt für den Alltagsverstand grotesk. Und für viele Quantenphysiker ebenso. Tatsächlich wird dieses Messproblem seit den 1920er-Jahren heftig diskutiert, und es gibt zahlreiche Lösungsvorschläge – sowohl andere Interpretationen der Quantentheorie als auch Modifikationen von ihr und somit andere Theorien. Ein Konsens ist nicht in Sicht, aber immerhin können manche Aspekte experimentell überprüft werden. Das gilt beispielsweise für die Hypothese oder das Postulat vom objektiven Kollaps der Wellenfunktion. Diese Klasse abgeänderter Quantentheorien nimmt an, dass die Superpositionen nur kurze Zeiten und über kleine, isolierte Bereiche des Raums bestehen können und dann gleichsam zu einem eindeutigen Zustand auskristallisieren. Dies könnte durch eine Wechselwirkung mit der Umwelt (Dekohärenz) geschehen, durch einen Einfluss der Schwerkraft (die in der Quantentheorie nicht vorkommt), durch eine spontane, akausale Quantendynamik (also ein neues Naturgesetz) oder etwas anderes – das alles ist Spekulation. Doch ein »objektiver«, das heißt von »Beobachtungen« unabhängiger Kollaps ist im Prinzip durch Experimente feststellbar, also nicht einfach eine rein philosophische Diskussion. Schrödingers berüchtigte und bedauernswerte Katze würde also im Kasten *wirklich* sterben oder aber beim Öffnen quicklebendig und wahrscheinlich etwas verstört herausspringen – mit einer quantenphysikalischen Messung hätte das nichts zu tun.

Gravitationswellendetektoren können nun überraschenderweise zu diesen Quantenrätseln etwas beitragen, obwohl sie gar nicht dafür gebaut wurden – und haben es bereits getan. Ihre hohe Empfindlichkeit, eine Voraussetzung für die Messung extrem schwacher Schwerkraftsignale, macht sie nämlich sensitiv auch für einen Quantenkollaps. Das erlaubt es Physikern, die Werte für eine Kollapsrate und Längenskala einzugrenzen. Diese beiden Parameter sind die Messgrößen für die Kollapsmodelle. Wenn ihre Werte gemäß experimenteller Daten zu klein sind, ist eine

solche Theorie widerlegt. Allerdings lassen sich die Parameterwerte nicht theoretisch ableiten und somit voraussagen. Doch es
gibt Abschätzungen, falls eine solche modifizierte Quantentheorie
gültig wäre: Für die Längenskala werden typischerweise 10^{-7} Meter
vermutet, für die Kollapsrate ein Quantenkollaps binnen 10^{-8} bis
10^{-17} Sekunden.

Zwei Forschergruppen haben die Daten von LISA Pathfinder
vor diesem Hintergrund unabhängig voneinander analysiert
und kamen zu ähnlichen Resultaten. Die Physiker sind einerseits
Bassam Helou vom California Institute of Technology mit drei
Kollegen, andererseits Matteo Carlesso und Angelo Bassi von der
Universität Triest mit zwei Kollegen aus Trento. Die italienischen
Wissenschaftler haben außerdem noch Daten von LIGO und
AURIGA berücksichtigt, deren Empfindlichkeit auch in den
interessanten Parameterbereichen liegt. AURIGA (Antenna
Ultracriogenica Risonante per l'Indagine Gravitazionale
Astronomica) wird seit 2003 vom Nationalen Institut für
Kernphysik bei Padua in Norditalien betrieben. Dieser Detektor
ist kein Interferometer, sondern besteht aus einem 2300
Kilogramm schweren, drei Meter langen und 30 Zentimeter
dicken Aluminium-Zylinder, der auf minus 269 Grad Celsius
gekühlt wird – eine Verbesserung der legendären Zylinder-
Resonanzdetektoren von Joseph Weber aus den 1960er-Jahren.
Für so schwache Gravitationswellen, wie LIGO sie messen kann,
ist AURIGA nicht empfindlich genug; doch eine Supernova in der
Milchstraße würde das Instrument wohl registrieren.

Die Messungen von LISA Pathfinder zeigen klar, dass die
Längenskala eines Quantenkollaps kleiner als 10^{-6} Meter sein muss.
Das schließt schon weite Parameterbereiche aus und widerlegt
einige exotische Ansätze (etwa die Hypothese von John Ellis aus
den 1980er-Jahren, derzufolge die Dekohärenz durch den Einfluss
winziger Wurmlöcher im Vakuum erzeugt wird). Auch andere

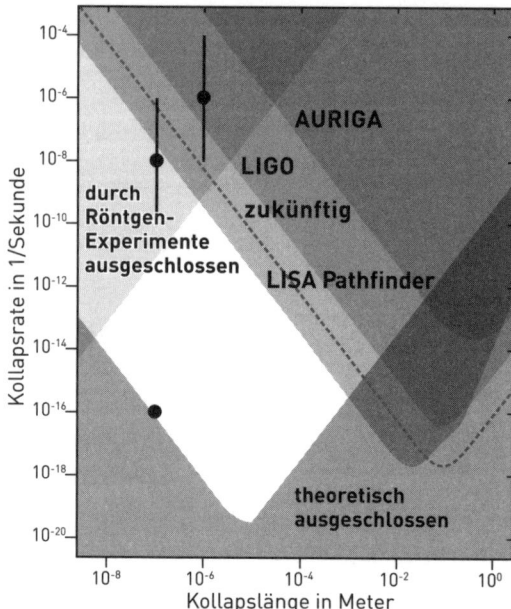

Quantenkollaps im Test: Messungen von LISA Pathfinder sowie den Gravitationswellendetektoren LIGO und AURIGA, wobei die LIGO-Daten bald noch etwas besser werden (gestrichelte Linie). Alle Parameterwerte über den drei V-förmigen Kurven sind widerlegt. Die Punkte markieren theoretische Abschätzungen, die teilweise bereits durch die neuen Messungen und frühere Experimente in Bedrängnis sind, der untere dunkelgraue Bereich ist aus theoretischen Gründen ausgeschlossen. Näheres im Text.

Experimente, beispielsweise mit Atom-Interferometern oder Röntgenstrahlen, sowie astronomische Messungen schränken die Modelle immer weiter ein.

Noch ist es zu früh, um über die Quantenkollaps-Modelle ein Urteil zu fällen. Einen seriösen wissenschaftlichen Versuch stellen sie allemal dar, auch wenn sie ihre eigenen theoretischen Probleme mit sich bringen (etwa zur Frage der Energieerhaltung). Ihre Implikationen für die Quantenphysik sind weitreichend, ihre Überprüfung ist daher wichtig. Die neuen Forschungen mittels LISA Pathfinder, LIGO und AURIGA demonstrieren aber auch – und das ist keine Ausnahme in der Geschichte der Physik! –, wie ganz unterschiedliche Forschungsprogramme und -themen miteinander wechselwirken und sich gegenseitig inspirieren oder befruchten können. Diese Art von Interferenz ist immer ein großer Fortschritt – auch wenn oder sogar weil sie zum Kollaps von Theorien führt.

Gravitationswellensuche im Weltraum

Neben den ersten Messungen von Gravitationswellen auf der Erde verlieh LISA Pathfinders Erfolg der LISA-Planung gewaltigen Rückenwind. Und am 20. Juni 2017 kam dann die lang ersehnte Nachricht: Das Wissenschaftsprogramm-Komitee der ESA wählte LISA als neue Großmission im Rahmen des Plans *Cosmic Vision* und des 2013 definierten ESA-Themas *Das gravitative Universum* aus. Damit ist die Mission beschlossen – Design, Planung und Bau können beginnen. Anvisierter Starttermin ist das Jahr 2034.

Doch schon mehren sich die Stimmen, dass das Observatorium schneller realisiert werden sollte. »Allerdings bräuchte man mehr beziehungsweise früher Geld und müsste womöglich andere Missionen verschieben. Das ist schwierig«, kommentiert Danzmann. »Aber ein Start um 2030 müsste sich gut machen lassen.«

Auch die NASA wird sich beteiligen – in welchem Umfang, ist noch offen. Und es soll wieder ein vollständiges Dreieck der Laserstrahlen sein, nicht bloß ein V – eLISA kehrt also zum ursprünglichen LISA-Konzept zurück. Der Abstand der Satelliten wird gegenwärtig auf 2,5 Millionen Kilometer veranschlagt, kann aber noch angepasst werden. »Was die beste Länge für eine optimale astronomische Ausbeute ist, wissen wir nicht genau«, sagt Danzmann. Eine größere Interferometer-Armlänge ist empfänglicher für tiefe Frequenzen, aber auch schwieriger zu bauen und zu betreiben; außerdem variieren die Quellen. Die Empfindlichkeit

Strahlkraft im All: Eine der drei LISA-Sonden. Mit Laserstrahlen spannen sie ein Millionen Kilometer großes Dreieck auf, ein Tor zum Universum der Gravitationswellen mit niedrigen Frequenzen. Damit sollen deren Kräuselungen erhascht werden, die von der Kollision Schwarzer Löcher in mehreren Milliarden Lichtjahren Entfernung stammen.

für Wellenlängen kürzer als die Armlänge (bei 2,5 Millionen Kilometer entsprechend 0,12 Hertz) ist reduziert.

Die sechs hochstabilen 1064-Nanometer-Laser von LISA werden zwei Watt Leistung haben und jeweils von 30-Zentimeter-Teleskopen aufgefangen werden. Die Mission soll mit einer Ariane-6.4-Rakete ins All transportiert werden und mindestens vier Jahre dauern – mit der Option einer Verlängerung um ein Jahrzehnt.

LISA kann nicht wie LIGO die Intensität der Laserstrahlen durch Recycling vervielfachen. Da der Abstand zwischen den drei Satelliten nicht konstant bleibt wie der von LIGOs Spiegeln in den Vakuumröhren, müssen ständig die jeweiligen Distanzen gemessen werden. Das ist möglich, weil die Wellenlängen des Laserlichts quasi einen Zeitstandard mitliefern. Alle anderen Änderungen könnten, wenn sie Perioden von weniger als einem Tag haben,

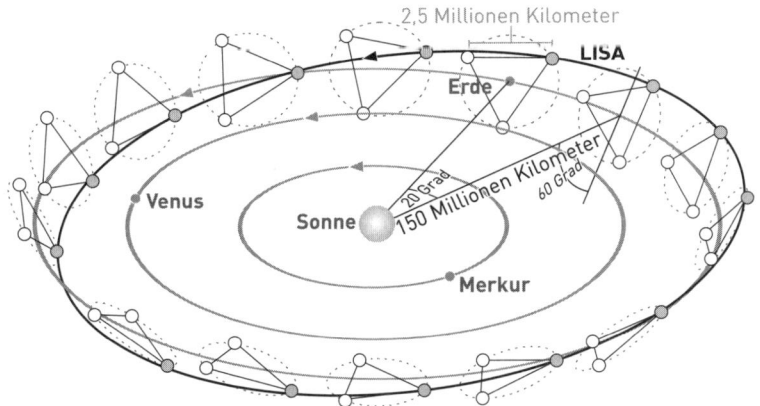

Himmlisches Dreieck: Die LISA-Sonden bilden ein mit Laserstrahlen-Paaren aufgespanntes Dreieck. Es bewegt sich 20 Grad oder rund 50 Millionen Kilometer hinter der Erde um die Sonne. Die Orbits der drei Satelliten sind so zur Erdbahnebene geneigt, dass sich ein Winkel von 60 Grad des Dreiecks relativ zur Erdbahnebene ergibt.

durch Gravitationswellen verursacht werden. Dafür kommen in LISAs Frequenzband ganz unterschiedliche Quellen in Frage:

› Galaktische Doppelsysteme aus sich eng umkreisenden Weißen Zwergen, Neutronensternen oder Schwarzen Löchern bilden bei niedrigen Frequenzen einen nicht auflösbaren Hintergrund. Bei höheren Frequenzen wird LISA vielleicht 25.000 dieser kompakten Doppelsterne entdecken und ihre Massen und Umlaufperioden messen. Das wird Rückschlüsse auf die Zahl, Bildung und Entwicklung dieser Systeme in der Milchstraße erlauben. Gegenwärtig kennen Astronomen etwa ein Dutzend solcher Doppelsysteme – eine exzellente Möglichkeit, LISAs Messungen zu überprüfen. Außerdem wird LISA wohl 500 derartige Systeme entdecken, die sich dann auch im elektromagnetischen Wellenlängenbereich auffinden lassen dürften – reizvolle Arbeit also für die Astronomen.

Quellen für LISA: Ein Satelliten-Trio kann die Gravitationswellen messen, die Paare Schwarzer Löcher abstrahlen, während sie sich umkreisen, immer näher kommen und schließlich kollidieren. Das geplante LISA-Observatorium soll so Schwarze Löcher mit 100.000 bis 10 Millionen Sonnenmassen in einer Distanz von bis zu 21 Milliarden Lichtjahren aufspüren (oben links). Während sich die Schwerkraftzentren annähern, werden die Signale immer deutlicher. Auch Duos Schwarzer Löcher mit extremen Massenunterschieden kann LISA auffinden, idealerweise noch 23 Milliarden Lichtjahre entfernt (unten Mitte). Selbst stellare Schwarze Löcher, wie sie der irdische LIGO-Detektor bereits mehrfach gemessen hat, machen sich für LISA Tage bis Wochen vor ihrer Kollision bemerkbar (unten rechts). Weitere Quellen sind zahlreiche Doppelsysteme aus Weißen Zwergen, Neutronensternen oder Schwarzen Löchern in der Milchstraße. Etwa 50 solcher Systeme kennen Astronomen bereits (Sternsymbole) – wichtig für die Verifikation der LISA-Daten. Die Parameterbereiche unterhalb der V-förmigen Modellkurve sind für LISA unzugänglich, weil hier das störende Rauschen des Laserlichts, der Sensoren und der Raumsonden selbst sowie der galaktische Gravitationswellenhintergrund die Messgenauigkeit begrenzen.

› Supermassereiche Schwarze Löcher mit 100.000 bis 10 Millionen Sonnenmassen dürften hin und wieder paarweise unterwegs sein, etwa wenn Galaxien miteinander verschmelzen. LISA wird sowohl Gravitationswellen von den letzten Wochen oder Monaten ihres immer enger werdenden Todestanzes umeinander messen können als auch die Erschütterungen durch die Karambolagen. Solche Ereignisse sollte es selbst unter skeptischen Annahmen mehrfach jährlich geben – und LISA ist empfindlich genug, um sie fast überall im beobachtbaren Universum aufzuspüren. Von Kollisionen mehr als zwei Milliarden Jahre nach dem Urknall werden sich auch die Spins der Schwarzen Löcher messen lassen, was Informationen über ihre Entstehungsgeschichte verrät. Für etwa 17 Milliarden Lichtjahre ferne Schwarze Löcher, entsprechend der Epoche der maximalen Sternbildung im All, werden LISAs Messungen eine Kollision mindestens 24 Stunden zuvor zu prognostizieren erlauben, mit einer Ortsgenauigkeit von 100

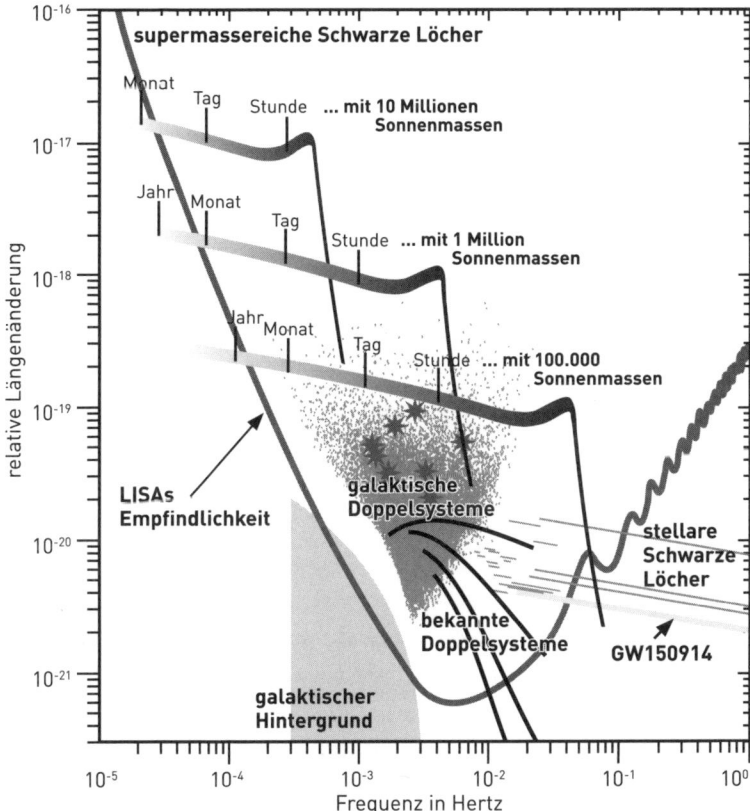

Quadratgrat am Himmel. So vorgewarnt, können Astronomen nach elektromagnetischen Gegenstücken Ausschau halten und vielleicht sogar Zeuge werden bei der Entstehung eines Quasars nach der Kollision.

› Schwarze Löcher mit extremen Massenunterschieden in einem dichten Sternhaufen oder dem Zentrum einer Galaxie sind besonders exotische Quellen. Wenn ein Schwarzes Loch mit 100.000 Sonnenmassen von einem stellaren Schwarzen Loch (unter 60 Sonnenmassen) umkreist wird, entsteht ein charakteristisches Signal, das LISA in bis zu 23 Milliarden Lichtjahren Entfernung erhaschen kann. Im Frequenzband des Detektors werden sich solche ungleichen Partner einige Monate bis Jahre beobachten lassen, bevor sie kollidieren. Das ermöglicht hochpräzise Messungen ihrer Eigenschaften. LISA sollte mindestens ein paar solcher Duos jährlich aufspüren. Auch intermediäre Schwarze Löcher mit 100 bis 10.000 Sonnenmassen – die es geben muss, von denen Astronomen bislang aber kaum welche kennen – sollten sich in der Umlaufbahn um supermassereiche Schwarze Löcher bis in Entfernungen von 21 Milliarden Lichtjahren finden lassen.

› Schwerkraftsignale von stellaren Schwarzen Löchern, wie LIGO sie entdeckt hat, sind auch Quellen für LISA. Nicht bei ihrer Karambolage, dabei sind die Frequenzen zu hoch, aber ein paar Wochen bis Monate vorher. LISA wird dann viele Dutzend davon rechtzeitig und auf bis zu ein Quadratgrad genau identifizieren, sodass sowohl Gravitationswellendetektoren auf der Erde gewappnet sind als auch Astronomen mit optischen und anderen Teleskopen – quasi eine Crash-Vorhersage im Kosmos.

› Der kosmische Gravitationswellenhintergrund aus dem frühen Universum könnte, je nach Stärke, auch im Erfassungsbereich von LISA sein. Das würde günstigstenfalls Rückschlüsse auf die ersten Sekundenbruchteile des Urknalls erlauben (Phase der Kosmischen Inflation). Nach indirekten Indizien für solche primordialen Gravitationswellen – charakteristische Polarisationsmuster in der Kosmischen Hintergrundstrahlung im Mikrowellenbereich – suchen gegenwärtig bereits Radioastronomen, allerdings noch ohne Erfolg.

› Die Kosmologie wird ebenfalls von LISA profitieren. Denn Kollisionen Schwarzer Löcher bei Entfernungen von weniger als 1,5 Milliarden Lichtjahren ermöglichen eine unabhängige Methode, die Rotverschiebungen und Distanzen zu messen – und somit die Expansionsrate des Weltraums (Hubble-Konstante H_0). Innerhalb einiger Jahre könnte LISA damit H_0 auf 0,01 Kilometer pro Sekunde und Megaparsec genau eingrenzen – mehr als das Hundertfache der Präzision des heutigen Werts! In Verbindung mit herkömmlichen astronomischen Methoden wäre das ein riesiger Fortschritt in der Charakterisierung der Dynamik und Geometrie unseres Universums und somit der Bestimmung seines Alters, seiner Zusammensetzung und seiner Zukunft.

› Neue Quellen, über die bislang nur spekuliert werden kann (Kosmische Strings, Domänengrenzen), oder an die überhaupt niemand denkt, sind zwar nicht vorherzusagen und zu modellieren. Aber die Geschichte der Astrophysik ist reich an Beispielen für überraschende Phänomene, die sich mit neuen »Fenstern« zum All zeigten. So etwas lässt sich nicht planen, doch die Entdeckung völlig unbekannter Objekte und Ereignisse im All wäre natürlich die Krönung dieser äußerst ambitionierten Mission. Daher kann man die Leistungen, Beharrlichkeit und den Durchsetzungswillen der beteiligten Forscher sowie der Europäischen Raumfahrtagentur ESA nicht genug hochschätzen – LISA ist echte, kosmische Pionierarbeit!

Auch in Asien wird über ein Observatorium im All nachgedacht, das ab 2030 Gravitationswellen messen könnte. Japanische Forscher um Masaki Ando von der Universität Tokio schlugen DECIGO (DECI-Hertz Interferometer Gravitational wave Observatory) vor – so genannt, weil seine Empfindlichkeit vor allem bei Frequenzen zwischen 0,1 und 10 Hertz liegen soll. Das Satelliten-Dreieck hätte einen Abstand von jeweils 1000 Kilometer und würde Gravitationswellen von supermassereichen Schwarzen Löchern sowie vielleicht aus der Frühzeit des Universums messen. Außerdem könnte die Ausdehnungsrate des Weltraums mithilfe der Entfernungsbestimmung von Doppel-Neutronensternen sehr präzise ermittelt werden. Das Observatorium soll durch eine Mission DECIGO Pathfinder vorbereitet werden. Außerdem ist eine kleinere Version, pre-DECIGO, im Gespräch. Sie bestünde aus drei nur 100 Kilometer voneinander entfernten Satelliten in einem 2000 Kilometer hohen Erdorbit und könnte ab Mitte der 2020er-Jahre nach der Kollision stellarer Schwarzer Löcher Ausschau halten.

Chinesische Wissenschaftler propagieren indessen TianQin: drei Erdsatelliten im Abstand von 150.000 Kilometer für Messungen im Bereich von 0,1 bis 100 Millihertz. Damit könnten die Raumzeitkräuselungen von Doppelsystemen aus Neutronensternen und Schwarzen Löchern in der Milchstraße, von kollidierenden massereichen Schwarzen Löchern und vom Verschlingen ganzer Sterne durch Schwarze Löcher registriert werden. Besonders HM Cancri, ein 1600 Lichtjahre fernes Paar Weißer Zwergsterne im Abstand von nur 80.000 Kilometer, könnte damit in den 2030er-Jahren gemessen werden. Der Name TianQin bedeutet »himmlische Zither«. »Metaphorisch gesehen würde das Instrument von der Natur selbst gespielt, mit Gravitationswellen«, heißt es im Projektplan unter der Leitung von Luo Jun von der Universität in Zhuhai.

Noch ambitionierter ist Taiji, was ganz unbescheiden »das Ultimative« bedeutet. Das ehrgeizige Ziel: Ein Satelliten-Dreieck wie LISA, aber größer (drei Millionen Kilometer) und schneller (Start 2033). Projektleiter Wu Yue-Liang von der Chinesischen Akademie der Wissenschaften in Peking würde dafür allerdings über zwei Milliarden Euro benötigen – das Doppelte der für LISA veranschlagten Kosten.

Noch gibt es kein Budget für TianQin oder Taiji, doch Konkurrenz belebt das Geschäft – und führt vielleicht letztlich zu einer chinesischen Beteiligung an LISA, wozu dank LISA Pathfinder immerhin schon die technische Reife demonstriert wurde. Und dem Universum ist es sowieso egal, wer wo und wann seine Botschaften empfängt.

Signale vom Urknall

Die wohl spektakulärste Entdeckung im Reich der Raumzeit-Kräuselungen wären Gravitationswellen vom Anfang des Universums – oder wenigstens unseres Universums, falls das ein Übergangsprodukt eines kosmischen Vorläufers ist und/oder nur eines unter unzähligen anderen. Tatsächlich sollten den besten kosmologischen Modellen zufolge noch immer Spuren vom Beginn des Weltalls ins globale Schwingungsmuster seiner Raumzeit eingraviert sein. Sie wären ein echter Nachhall des Urknalls, wenn auch nur ein leises Wispern in den tiefsten Tonlagen. Es zu erhaschen, wäre der ultimative Weg zu einer Erklärung der großen, weiten Welt. Denn kein anderes Relikt aus der chaotischen Ursprungsphase ist älter und aussagekräftiger.

Das erste Licht, das heute noch den Weltraum durchflutet, gut 400 Photonen pro Kubikzentimeter, ist erst 380.000 Jahre nach dem Urknall freigesetzt worden. Damals hatte sich das All bereits so weit ausgedehnt, dass die Temperatur seiner Materie so stark abgekühlt war, dass sich Atome bilden konnten und der Raum durchsichtig wurde, das Licht also freie Bahn hatte – bis heute. Inzwischen ist diese Kosmische Hintergrundstrahlung in den Bereich der Mikrowellen gestreckt worden (mit einem Maximum bei knapp zwei Millimeter Wellenlänge) und etwa –270 Grad Celsius kalt (genau 2,726 Kelvin). Auch der kosmische Neutrino-Hintergrund stammt nicht vom ominösen Anfangszeitpunkt, sondern entkoppelte sich innerhalb der ersten Sekunde vom Rest der Materie. Überdies machen sich die Neutrinos nur indirekt bemerkbar, aufgrund ihres schwachen Einflusses auf die Hintergrundstrahlung, und können selbst mit den empfindlichsten Detektoren nicht direkt gemessen werden.

Gravitationswellen hingegen, die fast gar nicht mit Materie interagieren, breiteten sich sogar durch die superheiße und dichte

Plasmaphase des Urknalls nahezu ungestört aus. Das Universum war für sie gewissermaßen immer transparent. Der kosmische Gravitationswellenhintergrund stammt wahrscheinlich von verschiedenen Quellen, und die früheste war wohl der allererste Augenblick überhaupt (falls es ihn gab und sich Zeit hier überhaupt sinnvoll definieren lässt): die Planck-Zeit, das heißt ein Intervall von 10^{-43} Sekunden. Dieser Moment war von heftigsten Turbulenzen geprägt, einem wild fluktuierenden Krümmungsmuster der Raumzeit – zugleich der stärksten denkbaren Quelle für Gravitationswellen. Diese würden daher, könnten sie heute noch registriert werden, die kosmischen Anfangsbedingungen selbst erhellen – und wären zugleich ein grandioser Test zur Überprüfung der Kandidaten einer Theorie der Quantengravitation: einer echten Weltformel, die für die Beschreibung der Planck-Ära nötig ist, aber bis heute nur in Ansätzen existiert.

Auch die Geschichte der Ausdehnung des Weltraums ließe sich aus den primordialen Gravitationswellen rekonstruieren. Dabei ist besonders die mutmaßliche Epoche der Kosmischen Inflation interessant, die nach Meinung vieler (wenn auch nicht aller) Kosmologen das All erst groß gemacht hat. Dem kosmologischen Standardmodell zufolge besitzt der beobachtbare (!) Weltraum einen Radius von rund 46 Milliarden Lichtjahren. (Das widerspricht nicht der Annahme, dass das erste Licht 13,8 Milliarden Jahre seit dem Urknall zu uns unterwegs war, mit Lichtgeschwindigkeit eben, denn der Raum ist nicht statisch, sondern hat sich seither beständig ausgedehnt, in den letzten sechs Milliarden Jahren sogar ominöserweise immer schneller.) Niemand weiß, was sich jenseits des Beobachtungshorizonts verbirgt – quasi der Quelle der Kosmischen Hintergrundstrahlung, die wie eine Hohlkugel-Tapete ringsum den Teleskopen raumzeitlich den Blick versperrt –, und ob der Weltraum womöglich unendlich groß ist. 380.000 Jahre nach dem Urknall maß das heute beobachtbare Raumvolumen nur gut 42 Millionen Lichtjahre im Radius – am Ende der Inflation, vielleicht 10^{-35} bis 10^{-31} Sekunden nach dem Urknall, hätte es den populärsten Modellen zufolge immerhin schon die Größe einer Melone besessen.

Es gibt Hunderte Modelle der Kosmischen Inflation mit unterschiedlichen hypothetischen Ursachen (»Antriebskräften«) und Zeitverläufen der exponentiellen Expansion. Je nach Energieskala der Inflation wären damals bestimmte Arten von Gravitationswellen entstanden. Ebenso beim Ende der Inflation (für das auch diverse Modelle konkurrieren) – und zwar vor allem, falls der Schluss nicht überall zugleich und identisch verlief. Den einfachsten Modellen zufolge hat ein spezielles Skalarfeld namens Inflaton die rasante Ausdehnung des Raums angetrieben. Sie hörte auf, als das Skalarfeld zerfiel, wobei sich die Energie seiner Oszillationen, quasi das letzte Zucken, in die heute teilweise noch vorhandenen Elementarteilchen umgewandelt haben soll – ein Preheating genannter Phasenübergang. Sowohl davon als auch von der Inflation selbst müssten bis heute Gravitationswellen übrig geblieben sein. Ob sie jemals gemessen werden können, hängt allerdings von verschiedenen Faktoren ab, etwa der Energieskala der Inflation und der Stärke von Anisotropien (Richtungsabhängigkeiten). Ein Nachweis würde somit viele Inflationsmodelle widerlegen und Aufschluss darüber geben, wie das Universum zu dem wurde, was es heute ist.

Mehr noch: Weil die Inflation ein quantengravitativer Prozess ist, würde eine Entdeckung ihrer Gravitationswellen auch zeigen, dass die Schwerkraft quantisiert ist. Dann wäre sie analog zu den anderen Naturkräften: Sie würde von »Gravitationsquanten« namens Gravitonen übertragen – so wie die elektromagnetische Wechselwirkung von den Photonen. Diese masselosen Gravitonen werden von vielen Quantengravitationstheorien postuliert, doch interagieren sie so schwach und besitzen so wenig Ener-

Exkurs

Die Energie des kosmischen Gravitationswellenhintergrunds

Am Ende der strahlungsdominierten Epoche des Universums bis 380.000 Jahre nach dem Urknall betrug die Energiedichte der Gravitationswellen von der Kosmischen Inflation im einfachsten Fall $\Omega_{GW} = \hbar H_0^2 H_{inf}^2 / 4\pi^2 c^5 \rho_c$. Dabei ist $\hbar$ das reduzierte Planck'sche Wirkungsquantum, c die Lichtgeschwindigkeit, H_0 die heutige Expansionsrate des Weltraums (Hubble-Konstante), H_{inf} die konstante Ausdehnungsrate während der Inflation und ρ_c die kritische Dichte des Universums. Alles klar? Doch so einfach ist es nicht! Diese Formel gilt nämlich nur näherungsweise, weil sie die Frequenz der Gravitationswellen nicht enthält. Deren maximale Frequenz hängt von der Zeit zwischen Inflation und Strahlungsära ab und H_{inf} von der Energieskala der Inflation. In der heutigen Materie-dominierten Ära werden die primordialen Gravitationswellen noch weiter abgeschwächt. Alles in allem dürfte daher Ω_{GW} höchstens 10^{-12} betragen. Selbst ein Hundertstel dieses normierten, also dimensionslosen Werts wäre in näherer Zukunft noch messbar.

Unbestritten ist, dass die Energiedichte Ω_{GW} unter 10^{-5} liegt. Andernfalls wäre sie zur Zeit der primordialen Nukleosynthese – also der Entstehung der leichten Elemente innerhalb der ersten Viertelstunde nach dem Urknall – so hoch wie die der Photonen und Neutrinos gewesen. Zwar hätten Gravitationswellen die Genesis von Helium & Co. nicht direkt beeinflusst, doch hätte sich das Universum damals schneller ausdehnen müssen, um mit heutigen kosmologischen Messungen vereinbar zu sein. Und das hätte wiederum der Nukleosynthese zu wenig Zeit gelassen, um die gegenwärtige Häufigkeit der leichten Elemente zu erklären.

---

gie, dass sie niemals direkt gemessen werden können. Die einzige Chance, ihre Existenz indirekt nachzuweisen, sind daher wohl Gravitationswellen von der Kosmischen Inflation.

Die Wellenlänge der primordialen Schwingungen ist unbekannt und von Modell zu Modell verschieden. Sie muss aber heute sehr groß sein, die Frequenzen sind also entsprechend klein. Sie lassen sich niemals von der Erde aus messen, jedoch mit Satelliten im All. (LISA ist wahrscheinlich nicht geeignet dafür.) Kosmologen träumen daher schon von einem Big Bang Observer (BBO) – und träumen nicht nur, sondern haben bereits eine Mission unter diesem Namen konzipiert. BBO soll zunächst aus drei, dann zwölf einzelnen Sonden bestehen, die – jeweils zu Dreiecken mit etwa 50.000 Kilometer Abstand gruppiert – auf einer Bahn »hinter« der Erde um die Sonne kreisen. BBO würde die »Lücke« zwischen Advanced LIGO und LISA bei 0,1 bis 10 Hertz erforschen und könnte noch Gravitationswellen der Kosmischen Inflation bei sehr niedrigen Frequenzen von 10^{-15} bis 10^{-17} Hertz in der Kosmischen Hintergrundstrahlung nachweisen. Ob sich das in den nächsten Jahrzehnten realisieren lässt, steht allerdings sprichwörtlich in den Sternen.

Neben einem solchen direkten Nachweis machen sich primordiale Gravitationswellen günstigstenfalls auch auf indirekte Weise bemerkbar. Zwar dürften Pulsar-Timing-Arrays zu unempfindlich sein, doch die Kosmische Hintergrundstrahlung könnte quasi als himmlischer Detektor herhalten. Gravitationswellen müssten ihr nämlich ein subtiles Polarisationsmuster eingeprägt haben. Es würde sich in Form charakteristischer, sehr schwacher Temperaturschwankungen bemerkbar machen (Unterschiede von einem Millionstel Grad oder weniger).

Es gibt allerdings zwei Arten der Polarisation der Hintergrundstrahlung. Sie werden in Analogie zur Elektrostatik – mit elektrischen Feldern E verschwindender Rotation (»wirbelfrei«) und magnetischen Feldern B verschwindender Divergenz (»quellfrei«, keine magnetische Monopole) – als E- und B-Moden bezeichnet und haben einen Winkel von 45 Grad zueinander. Gravitationswellen können nur B-Moden erzeugen. Sie dürfen nicht mit den E-Moden verwechselt werden, die bereits 2002 vom Degree

E-Moden　　　　　　　**B-Moden**

Zwei Polarisationsmuster: Die E-Moden sehen wie ein Stern oder eine Schleife aus (links) und sind mit ihrem Spiegelbild identisch, die B-Moden bilden dagegen spiralförmige Wirbel im Uhr- oder Gegenuhrzeigersinn. Näheres im Text. Gravitationswellen aus dem Anfang des Alls würden sich als B-Moden in der Kosmischen Hintergrundstrahlung bemerkbar machen.

Angular Scale Interferometer (DASI) in der Hintergrundstrahlung nachgewiesen wurden und durch Streuprozesse von Licht an Elektronen entstehen. B-Moden sind für sich genommen freilich ebenfalls noch kein Beweis für Gravitationswellen, denn sie können auch andere Ursachen haben: Einerseits werden sie von polarisierendem galaktischen Staub im Vordergrund erzeugt. Andererseits entstehen sie durch schwache Gravitationslinsen-Effekte aus der Umwandlung von E-Moden, was 2013 vom South Pole Telescope und 2014 vom POLARBEAR-Detektor (»Ohr« für polarisierte B-Moden) in Chile gemessen wurde. Auch das ist kosmologisch interessant, schlägt sich darin doch die Verteilung der gesamten Materie im beobachtbaren Universum nieder.

Groß war die Aufregung, als ein Team um John Kovac vom Harvard Smithsonian Center für Astrophysik am 17. März 2014 in einer Pressekonferenz vollmundig verkündete (flankiert von einem peinlichen Youtube-Gratulationssekt-Video), es hätte die B-Moden gemessen. Und zwar bei 150 Gigahertz mit dem BICEP2-Teleskop (Background Imaging of Cosmic Extragalactic Polarization) am Südpol bei einem wenige Grad kleinen Him-

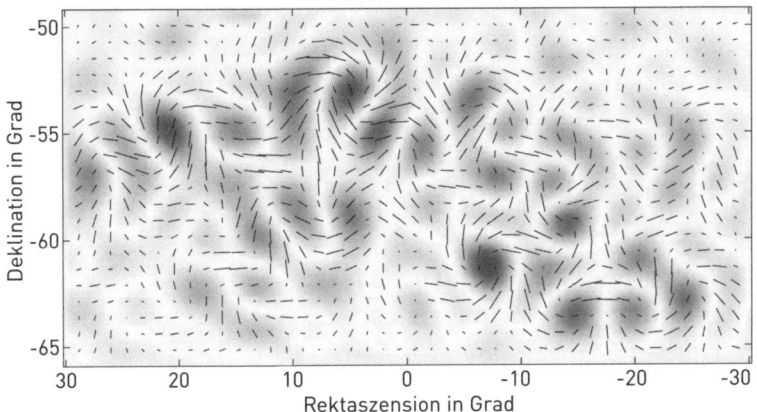

Himmelsspäher: Das BICEP2-Teleskop am Südpol (vorne im Foto oben, Linsendurchmesser: 26 Zentimeter) ist wie das South Pole Telescope (Hintergrund) auf der Suche nach Signalen vom Urknall. Tatsächlich hat es wirbelförmige Polarisationsmuster (B-Moden) in der Größenordnung von 0,3 Mikrokelvin bei dem charakteristischen Fleckenmuster der Temperaturverteilung in der Kosmischen Hintergrundstrahlung gemessen (unten). Allerdings stammen sie, wie sich bald herausstellte, von polarisierenden Staubwolken in der Milchstraße.

melsausschnitt. Der Messwert passte nicht gut zu den von anderen Daten der Hintergrundstrahlung favorisierten Modellen der Inflation und hätte bedeutet, dass diese schon bei sehr hohen Energien zu Ende war (10^{26} Elektronenvolt). »Dieses Signal zu detektieren ist eines der wichtigsten Ziele der heutigen Kosmologie«, sagte Kovac. »Wir haben das erste Bild von Gravitationswellen im primordialen Himmel«, glaubte sein Kollege Chao-Lin Kao von der kalifornischen Stanford University.

Zur anfänglichen Begeisterung gesellten sich rasch skeptische Stimmen und sogar harsche Kritik. Die Studie hatte methodische Mängel. Tatsächlich mussten die Forscher schon wenige Monate später ihre voreilige Behauptung zurücknehmen. Das geschah auch in Zusammenarbeit mit dem Team des europäischen Planck-Satelliten, der die Hintergrundstrahlung des ganzen Himmels präziser als jemals zuvor vermessen hatte (und keine B-Moden fand), ebenso die diversen Störquellen: Es zeigte sich, dass Kovac und seine Kollegen den Einfluss des galaktischen Staubs stark unterschätzt hatten.

Es ist zwar weiterhin nicht ausgeschlossen, dass sich Gravitationswellen in Form einer B-Moden-Polarisation in die Hintergrundstrahlung eingeprägt haben – die bisherigen Daten sind jedoch nicht gut genug, um das nachzuweisen. Aber gegenwärtig ist eine Art Wettrennen verschiedener Forschergruppen mit Teleskopen am Südpol, auf hohen Bergen in Chile (mit der nötigen trockenen Luft) und mit Höhenballons im Gang, die ersehnten B-Moden doch noch aufzuspüren.

Auch eine neue Satellitenmission zur Suche danach wird diskutiert. Doch eine Finanzierung dafür gibt es noch nicht. Dabei wäre das Geld eine der besten Investitionen aller Zeiten: Gravitationswellen vom Urknall sind das ultimative kosmologische Signal – und was ist interessanter, als den Anfang der Welt zu ergründen?

Exkurs

Gravitationswellen im Universum mit Kosmologischer Konstante
Gravitationswellen werden normalerweise in einer Raumzeit beschrieben, bei der die 1917 von Einstein in seine Feldgleichungen eingeführte Kosmologische Konstante Λ Null ist. Doch seit 1998 gibt es starke Argumente aufgrund vieler astronomischer Beobachtungen, dass der Weltraum sich gegenwärtig beschleunigt ausdehnt. Als Triebkraft dafür ist ein kleiner positiver Wert von Λ die einfachste Erklärung – und nach wie vor mit allen Daten kompatibel.

»Doch eine Kosmologische Konstante wirft einen langen Schatten auf die Theorie der Gravitationswellen«, sagt Abhay Ashtekar von der Pennsylvania State University. Mit seinen Studentinnen Béatrice Bonga und Aruna Kesavan hat er in mehreren Artikeln ab 2015 gezeigt, dass eine neue grundlegende Beschreibung nötig ist. Denn der Übergang von $\Lambda = 0$ zu $\Lambda > 0$ ist diskontinuierlich und mit diversen frappierenden Schwierigkeiten verbunden. »Die Intuition besagt, dass die Effekte sehr klein sind, wenn Λ sehr klein ist. Aber wir brauchen eine Rechnung, um das zu rechtfertigen«, sagt Ashtekar. Diese ist ihm und seinen Mitarbeiterinnen gelungen. Dabei stellten sie auch eine modifizierte Quadrupol-Formel auf (für linearisierte Gravitationswellen in Raumzeiten mit $\Lambda > 0$). Damit lässt sich sogar ein heftiger »Stoß« eines Schwarzen Lochs nach der Verschmelzung von zwei leichteren exakter beschreiben. Ein positiver Λ-Wert hat noch weitere Auswirkungen: Ein Teil der Gravitationswellen kann aufgrund ihrer Streuung mit der Raumzeit-Krümmung etwas langsamer als die Lichtgeschwindigkeit sein, sagt Ashtekar. »Aber die Größenordnung solcher Effekte hängt von Λ ab. Weil ihr Wert in unserem Universum winzig ist, bleiben die Effekte klein.« Allerdings sind die Auswirkungen kumulativ: Sie sind umso größer, je weiter eine Quelle von Gravitationswellen entfernt ist. Für die gegenwärtigen Detektoren spielt das keine Rolle, aber künftige wie das geplante Einstein-Teleskop oder LISA könnten Wellen aus riesigen Distanzen messen, und dann wären die Daten anders, als bislang gedacht. Daher haben die Korrekturen für $\Lambda > 0$ auch astronomische Bedeutung. Mehr noch: »Wir könnten im Prinzip aus Messungen ableiten, dass wir in einem Universum mit Kosmologischer Konstante leben«, sagt Ashtekar.

Das neue Fenster zum All

Nach der Messung von GW150914 waren die Physiker und Astronomen im Freudentaumel. Aus aller Welt kamen Gratulationen. »LIGOs Bekanntmachung ist eine der größten wissenschaftlichen Entdeckungen der letzten 50 Jahre«, sagte beispielsweise Saul Teukolsky von der amerikanischen Cornell University, der sich seit vielen Jahren mit der Simulation der Kollision von Schwarzen Löchern beschäftigt. Und Michael S. Turner von der University of Chicago meinte, »LIGO hat nun sein O« verdient – der Detektor sei zu einem echten Observatorium geworden und nicht länger nur ein Experiment, wie skeptische Astronomen bisher dachten. »Ich würde Einsteins Gesicht jetzt gerne sehen«, schmunzelte Rainer Weiss. Und sein Freund und Kollege Kip Thorne, mit dem er bereits 1975 über LIGO nachdachte, meinte: »Bislang haben wir die gekrümmte Raumzeit nur in Ruhe gemessen. Es ist, als hätten wir die Meeresoberfläche lediglich an einem stillen Tag gesehen – aber niemals bei einem Sturm, wenn sich die Wellen türmen.« GW150914 war so betrachtet die erste steife Brise.

»Dies ist eines der großen Ereignisse in der Wissenschaft«, kommentierte auch Bruce Allen, Direktor am Max-Planck-Institut für Gravitationsphysik in Hannover, wo der Hauptteil der Datenauswertung von GW150914 erfolgt ist (mit dem ATLAS-Computerverbund). »Wir haben die Existenz einer bestimmten Klasse von Objekten nachgewiesen, von der wir zuvor nicht wussten, dass es sie gibt«. Karsten Danzmann, ebenfalls Direktor an diesem Institut, sieht es auch so. »Das Signal kam sehr überraschend. Jetzt entsteht eine völlig neue Art von Astronomie«, betont er. »Sie öffnet uns Ohren für das Universum, wo wir zuvor nur Augen hatten.« Die Häufigkeit, Stärke, Entfernung und Natur all dieser Quellen sind noch weitgehend unbekannt. Und die größten Überraschungen lassen sich sowieso kaum abschätzen, wenn man neues Land betritt, betont Danzmann. »Wahrscheinlich kommen die Gravitationswellen, die wir aufspüren werden, hauptsächlich von Quellen, an die wir nicht gedacht oder deren Stärke wir unterschätzt haben.« Und Gianluca M. Guidi von der Universität Urbino, ein Mitglied des Virgo-Teams meint: »Aus einem größeren Blickwinkel fühle ich bei solchen Entdeckungen, dass es ein riesiger Erfolg ist für alle Menschen. Es mag kindisch klingen, aber letztlich definieren diese Entdeckungen, wer wir sind und was wir sein wollen. Wir haben die Möglichkeit, jetzt etwas zu sehen, was wir zuvor nicht sehen konnten. Gravitationswellen sind so verschieden von elektromagnetischen Wellen, dass sie neue Perspektiven auf bekannte Phänomene eröffnen, aber auch neue Rätsel aufwerfen.«

»Das Signal ist größer als wir vermuteten, dass es sein würde. Und es war ein sehr reines und schönes Ereignis«, sagt Rainer Weiss – so schön, dass manche dachten, es könnte von einem Computerhacker erzeugt worden sein. »Ich habe mir gewünscht, dass es zwei Schwarze Löcher sein würden, denn sie sind ganze Einstein-Objekte – Newtons Gravitationstheorie kann sie nicht erklären. Sie sind ein Geschenk der Natur für die Überprüfung von Einsteins Feldgleichungen für starke Felder. Und es sieht so aus, dass Einstein wieder einmal Recht hatte! Ich würde jetzt gerne Einsteins Gesicht sehen.«

Die New York Times prognostizierte, GW150914 würde bald zu den »great sound bites of science« gehören, zusammen mit Alexander Graham Bells ersten Telefon-Worten »Mr Watson – come here« und Sputniks Tönen aus dem All. »Das wird einer der großen Durchbrüche in der Physik für eine lange Zeit bleiben«, meint auch LIGO-Teammitglied Szabolcs Marka von der Columbia University, »jetzt sind der Astronomie Ohren gewachsen.« Nun hat sich gezeigt, dass die Raumzeit heftige Wellen schlagen kann. Und nicht nur das. »Bislang war alles, was wir von Schwar-

Das Spektrum der Gravitationswellen: Es verteilt sich über den ganzen Himmel und reicht von wenigen Kilometer großen Wellenlängen bis zu solchen vom Ausmaß des beobachtbaren Universums (im Gegensatz dazu sind elektromagnetische Wellen viel kleiner als ihre Quelle). Ihre Intensität ist noch schwer abschätzbar, und für die einzelnen Wellenlängen-Bereiche werden ganz unterschiedliche Messmethoden benötigt: Detektoren auf der Erde (wie LIGO: Laser Interferometer Gravitational-Wave Observatory), im Weltall (wie LISA: Laser Interferometer Space Antenna) und sogar »natürliche« Detektoren in Form eines Netzwerks von Pulsaren (PTA: Pulsar Timing Array), wie es mit dem künftigen Radioastronomie-Observatorium SKA (Square Kilometre Array) gemessen werden soll. (Die V-förmigen Kurven kennzeichnen die maximale Empfindlichkeit, alles über ihnen wäre detektierbar; bei LIGO zeigt die untere Kurve die Steigerung durch Advanced LIGO.) Der Bereich zwischen PTA und LISA könnte im Prinzip auch erkundet werden – mithilfe der Astroseismologie, das heißt dem Nachweis von Schwingungen normaler Riesensterne. Das ist bereits möglich, aber nicht in der relevanten Größenordnung von 0,1 Millimeter pro Sekunde. Auch in der Kosmischen Hintergrundstrahlung aus dem frühen Universum könnten Gravitationswellen einen »Abdruck« in Form bestimmter Polarisationsmuster hinterlassen haben (nicht in der Grafik eingezeichnet, viel weiter links). Danach wird gesucht. Eine mit großem Rummel verkündete »Entdeckung« 2014 (durch das BICEP2-Instrument am Südpol) ist von Staub im Vordergrund der Milchstraße lediglich vorgetäuscht worden. Gravitationswellen vom Urknall wären wohl die ultimative Erkenntnis.

zen Löchern wussten, abgeleitet von Beobachtungen ihrer Wechselwirkung mit der Umgebung. Für mich ist es am aufregendsten, dass wir jetzt am Anfang der Ära stehen, in der wir die Schwarzen Löcher selbst erforschen können«, kommentiert Shane Larson von der Northwestern University in Evanston, Illinois.

Der neue Nobelpreisträger Kip Thorne war im Gegensatz zur Mehrheit seiner Kollegen nicht überrascht, dass die erste Entdeckung von Schwarzen Löchern handeln würde, denn sie haben eine viel höhere Masse als Neutronenstern-Paare und sind damit aus größeren Entfernungen nachweisbar. »Ich dachte, das würde ihre geringere Zahl mehr als kompensieren, um zuerst gefunden zu werden.«

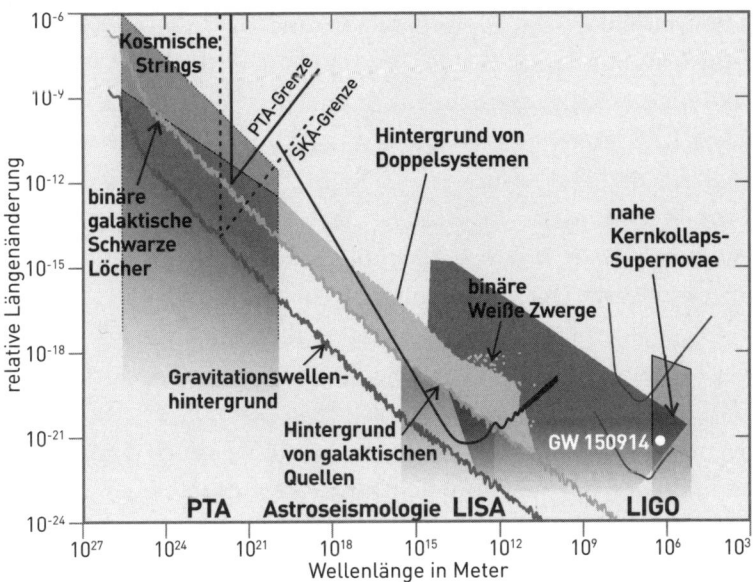

Weiss, Thorne und Drever wurden bereits am Tag der Bekanntgabe von GW150914 als heiße Nobelpreis-Anwärter genannt. Und den Special Breakthrough Prize in Fundamental Physics, gestiftet von einem russischen Internetmilliardär, haben sie im Mai 2016 schon erhalten: Sie teilen sich eine Million Dollar. Zwei weitere Millionen gehen an die über 1000 Autoren des Entdeckungsartikels in den *Physical Review Letters* sowie sieben weitere Theoretiker wie Luc Blanchet, Thibault Damour, Frans Pretorius und Saul A. Teukolsky, die wichtige Arbeiten geleistet haben, ohne die LIGOs Datenauswertung und -verständnis so nicht hätte erfolgen können. Weiss und Thorne waren bei der Pressekonferenz in Washington im Februar 2016 mit auf dem Podium.

Drever konnte den Triumph seiner Arbeit tragischerweise nicht mehr genießen – er litt an Demenz und befand sich in einem Pflegeheim in der Nähe von Edinburgh. Am 7. März 2017 ist er 85-jährig dort gestorben. Er hatte 1970 an der Glasgow University mit James Hough begonnen, über die Detektion von Gravitationswellen nachzudenken und 1973 einen Prototyp eines Laser-Interferometers gebaut; 1979 holte ihn Kip Thorne ans Caltech, wo sie 1984 zusammen mit Rainer Weiss und seinem Team vom Massachusetts Institute of Technology LIGO in Angriff nahmen. Drever war ein perfektionistischer, eigenbrötlerischer und streitbarer Charakter mit genialen Ideen (etwa den Einsatz der Fabry-Pérot- und Recycling-Techniken sowie die mit Robert Pound und John Hall entwickelte Laser-Stabilisierung), ohne die LIGO nicht möglich gewesen wäre. Dass er am Ende seines ganz der Forschung gewidmeten Lebens seine eigenen Leistungen nicht mehr verstehen konnte, ist bedrückend und eines der vielen unerträglichen Beispiele für die Absurdität des menschlichen Daseins. Immerhin konnte Kip Thorne ihn im September 2016 noch einmal besuchen und von der neuen gemeinsamen Würdigung durch den Kavli-Preis berichten. »Ich habe eine wunderbare Stunde mit ihm verbracht«, sagte Thorne später in einem Nachruf. »Er war bemerkenswert klar im Kopf. Wir erinnerten uns an all die Jahre der gemeinsamen Arbeit, und er brachte seine Freude über den Erfolg von LIGO zum Ausdruck.«

Die Entdeckung der Gravitationswellen ist ein großer Triumph für das wissenschaftliche Weltverständnis und die Erklärung des Universums weit über die alltäglichen Sinneswahrnehmungen hinaus. (Und selbst wer meint, die Messung von GW150914 sei nicht so wichtig, weil die Existenz von Gravitationswellen durch die Doppelneutronensterne bereits indirekt erwiesen war, muss zugeben, dass die Signale für die Astrophysik von großer Bedeutung sind.) Einmal mehr haben Menschen gezeigt, dass das kritisch-rationale Nachdenken über die erfahrbare Welt zu kühnen, überprüfbaren Hypothesen führt (Einsteins Leistung), und dass diese mit raffinierten Experimenten sowie neuerdings auch mithilfe aufwendiger Modellrechnungen und Computersimulationen rigoros getestet und im günstigsten Fall bestätigt werden können (der Triumph der LIGO-Forscher). Die konstruktive Konkurrenz und Kooperation von Theorie und Erfahrung erschließt erfolgreich die Natur der Dinge – und seien diese noch so entlegen, extrem und unvorstellbar.

Durch den Physik-Nobelpreis 2017 hat die LIGO/Virgo-Forschungsgemeinschaft einen weiteren Motivationsschub erhalten. Die große öffentliche Würdigung gibt dem neuen Wissenschaftszweig der Gravitationswellenphysik und -astronomie insgesamt Auftrieb – was sich hoffentlich auch in zusätzlichen Fördergeldern niederschlägt. Der Preis kam so früh, wie nach den Statuten überhaupt möglich, und doch nicht unerwartet. »Mir geht es gut, ich bin bereits angezogen«, sagte Rainer Weiss gleich am Telefon, als er vom Nobelpreis-Komitee mitten in der Nacht US-amerikanischer Zeit angerufen wurde.

Und doch ist das Erstaunen über den eigenen Erfolg ungebrochen. »Wir haben mit unserer Anlage eine Längenänderung von der Größe eines Protons gemessen, als die Gravitationswellen uns passierten, und deren Form so genau bestimmt, dass wir erkannten, was es war. Das ist kaum zu glauben«, wundert sich der frühere LIGO-Direktor Barry Barish noch immer. »Es demonstriert das hohe Niveau der modernen Technik und Wissenschaft und wäre 20 Jahre früher nicht möglich gewesen.«

Wie seine beiden Kollegen betont auch Kip Thorne, dass er den Preis nicht allein verdient habe, sondern allenfalls stellvertretend für das ganze Team. »Ich hatte gehofft, dass der Nobelpreis an die LIGO/Virgo-Kollaboration gehen würde, der die Entdeckung gelang, oder an das LIGO Lab als Ganzes, das LIGO gebaut hat. Es war eine Gemeinschaftsarbeit vieler Menschen. Ich hoffe, das Nobel-Komitee zeichnet künftig auch so etwas aus und nicht nur Leute wie uns, die wichtig für den Anfang eines Projekts sind.« Aber das sind Nebensächlichkeiten. Viel spannender ist, wie der neue Wissenschaftszweig das Weltbild verändern wird. »Die Astrophysik der Gravitationswellen hat gerade erst begonnen. Zu fragen, was wir finden werden, ist so, als würde man Galileo Galilei fragen, was er mit seinen Teleskopen entdecken würde außer die Monde von Jupiter«, sagt Sean Carroll, ein Theoretischer Physiker am California Institute of Technology. Niemand weiß, welche Botschaften aus einer finsteren Schattenwelt darauf warten, belauscht und entschlüsselt zu werden. Was auch immer LIGO nun herausfinden wird, fest steht: Die Gravitationswellenastronomie ermöglicht einen völlig anderen Zugang zur Welt. Sie könnte sich als so bedeutend erweisen wie die Erfindung der optischen Teleskope. Als Galileo Galilei 1609 erstmals mit einem Linsenfernrohr in den Himmel spähte und alsbald die zerklüftete Mondlandschaft, die dunklen Sonnenflecken, die Sichelphasen der Venus, die vier großen Jupitermonde und die stellare Natur der Milchstraße entdeckte, kam es zu einer Revolution des Weltbilds. Dies leitete das Ende der dogmatischen mittelalterlichen Vorstellungen sowie anthropozentrischen Ideologien ein und machte den Weg frei für die Aufklärung und die moderne Naturwissenschaft. Außerdem erschloss das Teleskop völlig neue Horizonte. Als Galilei seine Entdeckungen veröffentlichte, ahnte niemand, dass es Myriaden von Galaxien in einem expandierenden Universum gibt, welches vor 13,8 Milliarden Jahren in einem Urknall entstanden ist, hauptsächlich von unsichtbarer Dunkler Materie und Energie beherrscht wird und bei der Kollision Schwarzer Löcher förmlich zu zittern beginnt!

»We are all lying in the gutter,
but some of us are looking at the stars.«
Oscar Wilde: *Lady Windermere's Fan* (1892)

Informationswellen:
Mehr Raum und Zeit für die Raumzeit

Die folgenden Bücher des Autors ermöglichen einen ausführlichen, aktuellen Einstieg ins faszinierende Universum der Relativitätstheorie, Quantengravitation und Kosmologie einschließlich ihrer historischen und philosophischen Aspekte:

Jenseits von Einsteins Universum. Von der Relativitätstheorie zur Quantengravitation. Kosmos: Stuttgart 2017, 4. Aufl.

Vom Gottesteilchen zur Weltformel. Urknall, Higgs, Antimaterie und die rätselhafte Schattenwelt. Kosmos: Stuttgart 2014, 2. Aufl.

Hawkings Kosmos einfach erklärt. Vom Urknall zu den Schwarzen Löchern. Kosmos: Stuttgart 2011, 2. Aufl.

Tunnel durch Raum und Zeit. Einsteins Erbe – Schwarze Löcher, Zeitreisen und Überlichtgeschwindigkeit. Kosmos: Stuttgart 2015, 7. Aufl.

Bücher und Artikel

Aus Platzgründen beschränkt sich diese Liste hauptsächlich auf Einführungs- und Übersichtswerke (darin viele Angaben der Originalarbeiten und der Fachliteratur). Allgemeinverständliche Bücher und Artikel sind mit einem Stern* gekennzeichnet.

Ashtekar, A., u. a. (Hrsg.): General Relativity and Gravitation. Cambridge University Press: Cambridge 2015.

Auger, G., Plagnol, E. (Hrsg.): An Overview of Gravitational Waves. World Scientific: Hackensack 2017.

Berti, E., u. a.: Testing General Relativity with Present and Future Astrophysical Observations. Classical and Quantum Gravity Bd. 32, Nr. 24 (2015); arXiv:1501.07274

Bethke, L. B.: Exploring the Early Universe with Gravitational Waves. Springer: Cham u. a. 2015.

Blair, D. G. (Hrsg.): The Detection of gravitational waves. Cambridge University Press: Cambridge 1991.

Bührke, T.: Einsteins Jahrhundertwerk. dtv: München 2016, 2. Aufl.*

Calmet, X., Carr, B., Winstanley, E.: Quantum Black Holes. Springer: Heidelberg 2014.

Camenzind, M.: Gravitation und Physik kompakter Objekte. Springer: Heidelberg 2016.

Collins, H.: Gravity's Kiss. MIT Press: Cambridge 2017.*

Creighton, J. D. E., Anderson, W. G.: Gravitational-Wave Physics and Astronomy. Wiley-VCH: Weinheim 2011.

Einstein, A.: Collected Papers. Kormos Buchwald, D. u. a. (Hrsg.). Princeton University Press: Princeton ab 1987.

García-Bellido, J., Clesse, S.: Die Schwarzen Löcher des Urknalls. Spektrum der Wissenschaft, Nr. 10, S. 12-19 (2017).*

Giulini, D., Kiefer, C.: Gravitationswellen. Springer Spektrum: Wiesbaden 2017.

Goenner, H.: Einführung in die spezielle und allgemeine Relativitätstheorie. Spektrum Akademischer Verlag: Heidelberg, Berlin, Oxford 1996.

Gutfreund, H., Renn, J.: The Road to Relativity. Princeton University Press: Princeton 2015.

Hawking, S. W., Israel, W. (Hrsg.): Three hundred years of gravitation. Cambridge University Press: Cambridge 1989 [1987].

Hehl, F. W., von der Heyde, P.: Gravitationswellen. Naturwissenschaftliche Rundschau, Bd. 25, Nr. 11, S. 419-430 (1972).

Janssen, M., Lehner, C. (Hrsg.): The Cambridge Companion to Einstein. Cambridge University Press: Cambridge 2014.

Kennefick, D.: Traveling at the Speed of Thought. Princeton University Press: Princeton 2007.

Krauss, L. M.: Wellenschlag des Urknalls. Spektrum der Wissenschaft Nr. 3, S. 46-54 (2015).*

Lesch, H. (Hrsg.): Die Entdeckung der Gravitationswellen. Bertelsmann: München 2017.*

Levin, J.: Black Hole Blues. Bodley Head: London 2016.*

Lück, H.: Einsteins Fenster zum dunklen Universum. Physik in unserer Zeit, Bd. 48, Nr. 3, S. 124-132 (2017).

Misner, C. W., Thorne, K. S., Wheeler, J. A.: Gravitation. Freeman: San Francisco 1973.

Müller, A.: 10 Dinge, die Sie über Gravitationswellen wissen wollen. Springer: Heidelberg 2017.*

Padmanabhan, T.: Gravitation. Cambridge University Press: Cambridge 2010.

Rindler, W.: Relativitätstheorie. Wiley-VCH: Weinheim 2016.

Sathyaprakash, B. S., Schutz, B. F.: Physics, Astrophysics and Cosmology with Gravitational Waves. Living Reviews in Relativity, Bd. 12, Nr. 2 (2009).

Saulson, P. R.: Josh Goldberg and the physical reality of gravitational waves. General Relativity and Gravitation, Bd. 43, Nr. 12, S. 3289-3299 (2011).

Schilling, G.: Einsteins Ahnung. Piper: München 2017.*

Schutz, B.: A First Course in General Relativity. Cambridge University Press: Cambridge 2009, 2. Aufl.

Spanner, G.: Das Geheimnis der Gravitationswellen. Kosmos: Stuttgart 2016.*

Stairs, I. H.: Testing General Relativity with Pulsar Timing. Living Reviews in Relativity, Bd. 6, Nr. 5 (2003); www.livingreviews.org/lrr-2003-5

Thorne, K. S.: Gekrümmter Raum und verbogene Zeit. Droemer Knaur: München 1994 [1993].*

Vaas, R.: Die Schwingungen der Raumzeit. bild der wissenschaft, Nr. 10, S. 52-55 (1999).*

Vaas, R.: Signale der Schwerkraft. Universitas, Bd. 71, Nr. 837, S. 4-28 (3/2016).*

Vaas, R.: Gravitationswellen. bild der wissenschaft, Nr. 4, S. 30-45 (2016).*

Vaas, R.: Das Erzittern der Raumzeit. bild der wissenschaft, Nr. 9, S. 44-49 (2016).*

Vaas, R.: Der Tanz der Schwarzen Löcher. bild der wissenschaft, Nr. 9, S. 52-55 (2016).*

Vaas, R.: Atemberaubende Präzision. bild der wissenschaft, Nr. 10, S. 44-45 (2016).*

Vaas, R.: Gravitationswellen in Dunkler Energie. bild der wissenschaft, Nr. 5, S. 38-39 (2017).*

Vaas, R.: Das dritte Signal. bild der wissenschaft, Nr. 8, S. 46-47 (2017).*

Weber, J.: General Relativity and Gravitational Waves. Dover: Mineola 2004 [1961].

Will, C. M.: The Confrontation between General Relativity and Experiment. Living Reviews in Relativity, Bd. 17, Nr. 4 (2014); relativity.livingreviews.org/Articles/lrr-2014-4

Internet

Einsteins Schriften und Briefwechsel. einsteinpapers.press.princeton.edu
Einführung in die Relativitätstheorie: www.einstein-online.info
Max-Planck-Institut für Gravitationsphysik: www.aei.mpg.de
Detektor LIGO: www.ligo.org
Detektor Virgo: www.virgo-gw.eu
Detektor LISA: www.lisamission.org; www.aei.mpg.de/179107/01_LISA
Gravitationswellen-Suche auf dem PC: einstein.phys.uwm.edu;
   www.zooniverse.org/projects/zooniverse/gravity-spy
Zugang zu fast allen neuen Forschungsartikeln: arXiv.org
Fachzeitschrift *General Relativity and Gravitation*: link.springer.com/journal/10714
Fachzeitschrift *Classical and Quantum Gravity*: iopscience.iop.org/0264-9381
Übersichtsartikel in *Living Reviews in Relativity*: relativity.livingreviews.org

Photonenquellen

70 Abbildungen, darunter 23 Illustrationen von Gunther Schulz (GS) nach Vorlagen von Rüdiger Vaas (RV) und den hier angegebenen Quellen. – Seite 4 beide: S. Ossokine, A. Buonanno/AEI, Simulating eXtreme Spacetimes project, D. Steinhauser/Airborne Hydro Mapping GmbH – 6: P. Ehrenfest; Museum Boerhaave, Leiden – 15: C. Will; GS/RV – 21: Wikimedia Commons/CC – 23: M. Kramer, MPIfR – 27: J. M. Weisberg, J. H. Taylor: Relativistic Binary Pulsar B1913+16. AIP Conf. Series (2004); AAS; GS/RV – 29: M. Kramer, MPIfR; GS/RV (Dank an Michael Kramer) – 31: Simulation MPG – 33: D. Champion, NRAO – 39: Special Collections and University Archives, University of Maryland Libraries – 45: P. Blachian, MPG (Dank an Helmut Hornung) – 49: LIGO – 51: NASA, CXC, SAO – 53: LIGO; GS/RV – 54 oben: R. Vaas; unten: LIGO – 55: R. Vaas – 61: Wikimedia Commons/CC, LIGO, AEI – 64: LIGO Caltech, MIT; GS/RV – 66: Illustration LIGO/Axel Mellinger – 67: Simulation AEI – 75: Virgo, EGO – 81: LIGO, Caltech, MIT; GS/RV – 83: LIGO, Caltech, MIT; GS/RV – 87: LIGO, Caltech, MIT; GS/RV – 89: LIGO, Caltech, MIT, Virgo; GS/RV – 99: LIGO, Caltech, MIT, Virgo, L. Singer, A. Mellinger; GS/RV – 101: Illustration Aurore Simonnet, LIGO, Caltech, MIT, Sonoma State – 105 links: Illustration NASA, CXC, M. Weiss – 105 rechts: Simulation F. Foucart et al./Berkeley Lab – 119: LIGO, Caltech; GS/RV – 126: S. Seip – 127 oben: NASA, ESA, Hubble Heritage, STScI, AURA, J. Mack, G. Piotto; unten: NASA, CXC, CfA, R. Kraft et al., MPIfR, ESO, APEX, A. Weiss et al., WFI – 135: B. Carr – 141: F. Capela et al.; B. Carr et al.; GS/RV – 143: Illustration NASA, JPL-Caltech, T. Pyle/SSC – 147: J. García-Bellido; GS/RV – 151: NASA, JPL-Caltech, UC Irvine – 153: N. Yunes, K. Yagi, F. Pretorius; GS/RV – 155: M. Pössel, www.einstein-online.info; GS/RV – 165: beide: Illustration ESA, ATG medialab – 167: ESA, LISA Pathfinder Collaboration; GS/RV – 171: oben: Illustration Aurore Simonnet, LIGO, Caltech, MIT, Sonoma State; unten: Simulation S. Ossokine, A. Buonanno/AEI, Simulating eXtreme Spacetimes project, W. Benger/Airborne Hydro Mapping GmbH – 173: Illustration NASA – 177: Illustration GS/R. Vaas: Hawkings Kosmos einfach erklärt (Kosmos 2011) – 180: M. Carlesso et al.; GS/RV – 182: Illustration AEI, Milde Marketing, Exozet – 183: LISA, NASA; GS/RV – 185: LISA, P. Amaro-Seoane et al.; GS/RV – 194: GS/RV – 195: oben: S. Richter, Harvard University; unten: BICEP2 Collaboration – 201: PPTA, LIGO, LISA, R. Vaas, GS/RV.

Wichtige Wechselwirkungen

Für weitaus mehr elektromagnetisch als gravitativ hilfreiche Interaktionen danke ich besonders Abhay Ashtekar, Karsten Danzmann, Jenne Driggers, Josh Goldberg, Gabriela González, Stephen Hawking, Friedrich W. Hehl, Gerhard Heinzel, Amber Henry, Sabine Hossenfelder, Keita Kawabe, Claus Kiefer, Benjamin Knispel, Michael Krämer, Angela Lahee, Michael Landry, Alessandro Patruno, Bernard F. Schutz, Kip Thorne und Jenny Wagner, nicht nur raumzeitlich und materiell Diana Altenburg, Christel und Bruno Vaas sowie für die Experimentierfreude und konkrete kosmische Randbedingungen Birgitta Barlet, Sven Melchert, Martina und Gunther Schulz. (Ohne die Energien und Impulse des finalen Trios wäre dieses Buch erneut so nicht möglich gewesen und hätte bestimmt auch meinen Nucleus accumbens plus Umgebung weniger aktiviert.)

Impressum

Umschlaggestaltung von Büro Jorge Schmidt unter Verwendung einer Illustration von Take 27 Ltd./Science Photo Library/Agentur Focus. Die Kurve auf der Rückseite zeigt das von LIGO gemessene Gravitationswellensignal GW150914 (Caltech/MIT/LIGO Lab).

Mit 70 Abbildungen, darunter 23 Illustrationen von Gunther Schulz.

Unser gesamtes Programm finden Sie unter **kosmos.de**.
Über Neuigkeiten informieren Sie regelmäßig unsere
Newsletter, einfach anmelden unter **kosmos.de/newsletter**

MIX
Papier aus verantwor-
tungsvollen Quellen
FSC
www.fsc.org   FSC® C014496

Gedruckt auf chlorfrei gebleichtem Papier

© 2017, Franckh-Kosmos Verlags-GmbH & Co. KG, Stuttgart
Alle Rechte vorbehalten
ISBN 978-3-440-15957-6
Redaktion: Sven Melchert
Gestaltung und Satz: Martina Heitzmann-Schulz, Fußgönheim
Produktion: Ralf Paucke
Druck und Bindung: GGP Media GmbH
Printed in Germany / Imprimé en Allemagne